大厨请到家

经典家常粤菜

甘智荣 主编

U0364586

译林出版社

图书在版编目（CIP）数据

经典家常粤菜 ／ 甘智荣主编 . —南京：译林出版社，2017.6
（大厨请到家）
ISBN 978-7-5447-6724-8

Ⅰ．①经… Ⅱ．①甘… Ⅲ．①粤菜－菜谱 Ⅳ．① TS972.182.65

中国版本图书馆 CIP 数据核字（2016）第 271446 号

书　　名	经典家常粤菜	
主　　编	甘智荣	
责任编辑	王振华	
特约编辑	王　锦	
出版发行	译林出版社	
出版社地址	南京市湖南路 1 号 A 楼，邮编：210009	
电子邮箱	yilin@yilin.com	
出版社网址	http://www.yilin.com	
印　　刷	北京旭丰源印刷技术有限公司	
开　　本	710×1000 毫米　　1/16	
印　　张	10	
字　　数	250 千字	
版　　次	2017 年 6 月第 1 版　　2017 年 6 月第 1 次印刷	
书　　号	ISBN 978-7-5447-6724-8	
定　　价	32.80 元	

译林版图书若有印装错误可向承印厂调换

食在粤菜，美味更健康

　　粤菜即广东菜，是我国著名的八大菜系之一。它有着悠久的历史，其特有的菜式和韵味，独树一帜，在国内外都享有盛誉。粤菜由广州菜、东江菜和潮州菜组成，虽然是起步较晚的菜系，但其影响比较深远，港、澳及世界各国的中餐馆多数以粤菜为主。

　　粤菜取百家之长，用料广博，选料珍奇，配料精巧，善于在模仿中创新，依食客喜好而烹制。粤菜集南海、番禺、东莞、顺德、中山等地方风味的特色，兼具京、苏、淮、杭等外省菜以及西菜之所长，融为一体，自成一家。其烹调方法有20多种，尤以蒸、炒、煎、焗、焖、炸、煲、炖、扣等见长。粤菜非常讲究火候，尤重"镬气"和现炒现吃，做出的菜肴注重色、香、味、形，口味上以清、鲜、嫩、爽为主，而且随季节时令的不同而变化。夏秋菜色多清淡，冬春则偏重浓郁，并有"五滋""六味"之别。

　　本书图文并茂，内容丰富，一共向读者朋友们介绍了75道经典粤菜，其中素菜类17道，畜肉类20道，禽蛋类18道，水产类20道。本书从最基础的烹饪知识着手，将养生与烹饪完美融合，介绍了一些养生、烹饪的必备常识，让读者朋友了解不同的膳食养生法以及各种食材的烹饪技巧。同时，每道菜品都详细介绍了所用材料及做法，并且配有细致的步骤图作为参考，让您对每一道菜品都能一目了然。此外，本书中还列出了每道菜品的营养分析、制作提示、小贴士以及口味、适宜人群和烹饪技法，即便您没有烹饪经验，也能在烹饪的过程中得心应手，并通过这一道道美味的粤菜，提升生活品质，改善家人的健康，获得一种乐趣和满足。

目录 Contents

粤菜的烹饪常识

粤菜的烹饪常识

粤菜的组成

    粤菜有三大分支，分别是广州菜、东江菜、潮州菜这三种地方菜系，它们组成了今天我们看到的粤菜，其中又以广州菜为代表。

广州菜

    广州菜集南海菜、番禺菜、东莞菜、中山菜、顺德菜等地方风味的特色，其取料广泛，品种花样繁多，天上飞的、地上爬的、水中游的，几乎都能上席。广州菜用量精而细，配料多而巧，善于变化。风味讲究清而不淡，鲜而不俗，嫩而不生，油而不腻。广州菜擅长小炒，要求精确掌握火候和油温。

东江菜

    东江菜又称"客家菜"。客家人原是中原人，在汉末和北宋后期因避战乱南迁，聚居在广东东江一带，其语言、风俗尚保留中原固有的风貌。东江菜以惠州菜为代表，菜品多用肉类，酱料简单，主料突出，讲究香浓，下油重，味偏咸，以砂锅菜见长，有独特的乡土风味。

潮州菜

    潮州府故属闽地，其语言和习俗与闽南相近，隶属广东之后，又受珠江三角洲的影响。故潮州菜接近闽、粤，又汇两家之长，自成一派。潮州菜以烹调海鲜见长，刀工技术讲究，口味偏重香、浓、鲜、甜。喜用鱼露、沙茶酱、梅膏酱、姜酒等调味品，甜菜较多，款式百种以上，都是粗料细作，香甜可口。

粤菜的三大特点

粤菜食谱绚丽多姿，烹调方法众多且技艺精良，并以其用料广博、注重品"味"、用量精细著称。

1. 用料广博

广东地处亚热带，濒临南海，雨量充沛，四季常青，物产富饶，所以广东的饮食在选材上得天独厚，这也就造就了粤菜的第一大特点——用料广博。粤菜不仅主料丰富，而且配料和调料也十分丰富。为了显出主料的风味，粤菜选择配料和调料十分讲究，配料不会杂，调料是为调出主料的原味，两者均以清新为本，讲求色、香、味、形，且以味鲜为主体。

2. 注重品"味"

粤菜的第二个特点是注重菜品的"味"，风味上清中求鲜、淡中求美。烹调以炒为主，兼有烩、煎、炖、煲、扒，讲究清而不淡、鲜而不俗、嫩而不生、油而不腻。

3. 用量精细，装饰美艳

粤菜的第三个特点在于用量精细，装饰美而艳，且善取各家之长，为己所用，常学常新。如苏菜中的名菜松鼠鳜鱼，饮誉大江南北，粤菜名厨运用娴熟的刀工将鱼改成小菊花形，名为"菊花鱼"。如此一改，能一口一块，用筷子及刀叉食用都方便、卫生，此道苏菜经过改造，便成了粤菜。

粤菜的烹饪方法

烩 烩是指将材料油炸或煮熟后改刀，放入锅内，加辅料、调料、高汤烩制的方法。具体做法是将材料投入锅中略炒，或在滚油中过油，或在沸水中略烫之后，放在锅内加水或浓肉汤，再加作料，用大火煮片刻，然后加入芡汁拌匀至熟。

焖 焖是从烧演变而来，是将加工处理后的材料放入锅中，加入适量汤水和调料，盖紧锅盖，烧开后改用中小火进行较长时间的加热，待材料酥软入味后，留少量味汁成菜的烹饪技法。

煎 煎是指先把锅烧热，再以凉油涮锅，留少量底油，放入材料，先煎一面上色，再煎另一面。煎时要不停地晃动锅，以使材料受热均匀，色泽一致，使其熟透，食物表面呈金黄色乃至微煳。

煲 煲就是把原材料用小火煮，慢慢地熬。煲汤往往选择富含蛋白质的动物材料，一般需要 3 小时左右。

炖 炖是指将原材料加入汤水及调味品，先用大火烧沸，然后转成中小火，长时间烧煮的烹调方法。炖出来的汤，滋味鲜浓，香气醇厚。

蒸 蒸是一种常见的烹饪方法，其原理是将经过调味后的原材料放在容器中，以蒸汽加热，使其成熟或酥烂入味，其特点是保留了菜肴的原形、原汁、原味。

怎样锁住肉类营养

肉类具有营养丰富和味道鲜美的特点。烹调肉类并留住其营养的诀窍，主要有以下几点。

1. 炖肉肉块要切得大些

肉类中含有可溶于水的含氮物质，炖肉时这种物质释出越多，肉汤味道越浓，肉块的香味则会相对减淡，因此炖肉的肉块切得要适当大些，以减少肉内含氮物质的外溢，这样肉味会比小块肉鲜美。另外不要用大火猛煮：一是肉块遇到急剧的高热时肌纤维会变硬，肉块就不易煮烂；二是肉中的芳香物质会随猛煮时的水汽蒸发掉，使香味减少。

2. 肉类焖制营养最高

肉类食物在烹调过程中，某些营养物质会遭到破坏。采用不同的烹调方法，其营养损失的程度也有所不同。如蛋白质，在炸的过程中损失可达 8% ~ 12%，煮和焖则损耗较少；B 族维生素在炸的过程中损失达45%，煮为42%，焖为30%。由此可见，肉类在烹调过程中，焖制损失营养最少。另外，如果把肉剁成肉泥，与面粉等一起做成丸子或肉饼，其营养损失要比直接炸和煮减少一半。

3. 炖肉少加水

在炖煮肉类时，要少加水，以使汤汁滋味醇厚。在煮、炖的过程中，水溶性维生素和矿物质溶于汤汁内，如随汤一起食用，会减少损失。因此，对于红烧、清炖及蒸、煮的肉类食物，应连汁带汤食用。

4. 肉类和蒜一起烹饪更有营养

关于瘦肉和蒜的关系，民间有谚语云："吃肉不加蒜，营养减一半。"意思就是说肉类食物和蒜一起烹饪更有营养。动物食品中，尤其是瘦肉中含有丰富的维生素 B_1，但维生素 B_1 并不稳定，在人体内停留的时间较短，会随尿液大量排出。而蒜中含特有的蒜氨酸和蒜酶，二者接触后会产生蒜素，肉类中的维生素 B_1 和蒜素结合能生成稳定的蒜硫胺素，从而提高肉类中维生素 B_1 的含量。不仅如此，蒜硫胺素还能延长维生素 B_1 在人体内的停留时间，提高其在胃肠道的吸收率和人体内的利用率。所以，在日常饮食中，吃肉时应适量吃一点蒜，既可解腻去异味，又能达到事半功倍的营养效果。

蔬菜的处理与炒菜的秘诀

蔬菜中含有许多易溶于水的营养成分，烹调新鲜蔬菜的第一步，就是要考虑如何更好地保存住这些营养素，不让它们随水流失。

1. 不要久存蔬菜

很多人喜欢一周进行一次大采购，把采购回来的蔬菜存在家里慢慢吃，这样既节省了时间，也很方便，殊不知，蔬菜放置一天就会损失大量的营养素。例如，菠菜在通常情况下（20℃）放置一天，维生素 C 的损失就高达 84%。因此，应尽量减短蔬菜的储藏时间。如果储藏也应该选择干燥、通风、避光的地方。

2. 不要马上整理

蔬菜买回家后不宜马上整理。许多人都习惯把蔬菜买回家以后就立即整理，整理好后却要隔一段时间才炒。其实我们买回来的包菜的外叶、莴笋的嫩叶、毛豆的荚都是活的，它们的营养物质仍然在向可食用部分供应，所以保留它们有利于保存蔬菜的营养物质。而整理以后，营养物质容易流失，蔬菜的品质自然下降，因此，不打算马上炒的蔬菜就不要立即整理，应现理现炒。

3. 不要先切后洗

对于许多蔬菜，人们都习惯先切后洗。其实，这样做是非常不科学的。因为这种做法会加速蔬菜营养素的氧化和可溶物质的流失，使蔬菜的营养价值降低。要知道，蔬菜先洗后切，维生素 C 可保留 98.4% ～ 100%；如果蔬菜先切后洗，维生素 C 就只可以保留 73.9% ～ 92.9%。正确的做法是：把叶片剥下来清洗干净后，再用刀切成片、丝或块，随即下锅烹炒。还有，蔬菜不宜切得太细，过细容易丢失营养素。据研究，蔬菜切成丝后，维生素仅保留 18.4%。至于花菜，洗净后只要用手将一个个绒球肉质花梗团掰开即可，不必用刀切，因为用刀切时，肉质花梗团便会被弄得粉碎不成形。当然，最后剩下的肥大主花大茎要用刀切开。总之，能够不用刀切的蔬菜就尽量不要用刀切。

4. 蔬菜不要切成太小的块

蔬菜切成小块，过 1 小时维生素 C 会损失 20%。蔬菜切成稍大块，有利于保存其中的营养素。有些蔬菜若可用手撕断，就尽量少用刀切。

5. 掌握做菜的火候

在烹调方法中，蒸对维生素破坏最少，煮损失最多，煎居中，其排列顺序是蒸、炸、煎、炒、煮。不论用哪种方法，都要热力高、速度快、时间短。做菜时还要盖好锅盖，这样可以防止水溶性维生素随水蒸气跑掉。

6. 炒菜用铁锅最好

用铁锅炒菜维生素损失较少，还可补充铁质。若用铜锅炒菜，维生素 C 的损失要比用其他炊具高 2 ~ 3 倍。这是因为用铜锅炒菜会产生铜盐，可促使维生素 C 氧化。

7. 炒菜油温不可过高

炒菜时，当油温高达 200℃以上时，会产生一种叫作丙烯醛的有害气体，它是油烟的主要成分，还会使油产生大量极易致癌的过氧化物。因此，炒菜还是用八成热的油较好。

8. 少放调料

美国科学家的一项调查表明，胡椒、桂皮、白芷、丁香、小茴香、生姜等天然调味品有一定的诱变性和毒性，多吃可导致人体细胞畸变，还会给人带来口干、咽喉痛、精神不振、失眠等副作用，有时也会诱发高血压、肠胃炎等多种病变，所以提倡烹调时少放调味料。

9. 连续炒菜需刷锅

经常炒菜的人都知道，在每炒完一道菜后，锅底就会有一些黄棕色或黑褐色的黏滞物。有些人连续炒菜不刷锅，认为这样既节省了时间，又不会造成油的浪费。事实上，如果接着炒第二道菜，锅底里的黏滞物就会粘在锅底，从而出现焦味，而且会给人体的健康带来隐患。

10. 蔬菜用沸水焯熟

维生素含量高且适合生吃的蔬菜应尽可能凉拌吃，或在沸水中焯 1 ~ 2 分钟后再拌，也可用带油的热汤烫菜。用沸水煮根类蔬菜可以软化膳食纤维，改善蔬菜的口感。

PART 1

素菜类

　　我们平时所吃的蔬菜都属于素菜，它是人们日常饮食中必不可少的食物，可提供人体所必需的多种维生素和矿物质。多食蔬菜还有很多好处，如延年益寿、降低胆固醇、减少肾脏负担、降低患癌症的概率、减少寄生虫感染等。

△ 口味 清淡　☺ 人群 高血压患者　✕ 技法 炒

奶油白菜

　　大白菜具有通利肠胃、清热解毒、止咳化痰的功效，是营养极为丰富的蔬菜。大白菜所含的丰富粗纤维能促进肠壁蠕动，稀释肠道毒素，常食可增强人体抗病能力，对伤口难愈、牙齿出血有辅助治疗作用，还有降低血压、预防心血管疾病的功效。

🥬 原料

大白菜	300 克
牛奶	150 毫升
枸杞	2 克
食用油	30 毫升
盐	3 克
鸡精	3 克

✏️ 小贴士

有人认为，长时间煮牛奶会使牛奶变得更稠、营养价值更高，这个观念是错误的。若想提高浓度，可以把牛奶放入冰箱，当出现浮冰时将冰取出，反复几次即可。

❗ 制作提示

为避免营养流失，大白菜不宜炒太久。

🍳 做法演示

1. 将洗好的大白菜对半切开，切成长条。

2. 锅中注入清水，烧开，加入适量盐、鸡精。

3. 将大白菜倒入锅中，煮约 2 分钟至熟。

4. 捞出大白菜，沥干水分，装入盘中备用。

5. 锅置火上，放入适量食用油烧热，倒入大白菜，炒约 1 分钟至熟。

6. 倒入牛奶，加入鸡精、盐。

7. 倒入洗净的枸杞，拌炒至入味。

8. 将煮好的大白菜盛入盘内。

9. 淋上锅中的汤汁即可。

三鲜莲蓬豆腐

　　豆腐的蛋白质含量比大豆高，而且豆腐蛋白属于完全蛋白，其中含有人体必需的8种氨基酸，比例也接近人体需要，营养价值很高。豆腐还含有脂肪、碳水化合物、维生素和矿物质等营养成分。

原料

豆腐	500 克	白醋	2 毫升		
青豆	50 克	水淀粉	适量		
橙汁	50 毫升	香菜叶	少许		
盐	3 克	食用油	适量		
白糖	3 克				

小贴士

豆腐本身的颜色是略带微黄的，如果色泽过于死白，有可能添加了漂白剂。

制作提示

豆腐很容易变质，如果买回来的豆腐暂时不食用，可以把豆腐放在盐水中煮沸后再短时间保存。

做法演示

1. 用模具将洗净的豆腐压出花形生坯。

2. 把豆腐生坯切成约 1 厘米厚的片。

3. 锅中加清水烧开，加油、盐拌匀。

4. 倒入青豆，煮约 1 分钟。

5. 捞出煮熟的青豆。

6. 用工具在豆腐生坯上压出数个小孔，摆入盘中。

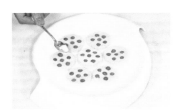

7. 把青豆放入豆腐生坯孔内，撒上少许盐。

8. 放入开水锅中，蒸 2 分钟至熟，取出。

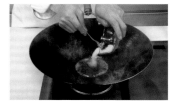

9. 起油锅，倒入少许白醋，加白糖。

10. 再倒入橙汁拌匀，加水淀粉勾芡，注入熟油拌匀。

11. 将汁浇在豆腐块上。

12. 放上香菜叶点缀即可。

口味 鲜　　人群 一般人群　　技法 炒

椒盐玉米

　　玉米含有蛋白质、脂肪、糖类、胡萝卜素、维生素和多种矿物质，具有开胃益智、宁心活血、调理中气等功效，还能降低血脂、延缓人体衰老、预防脑功能退化、增强记忆力。

原料

鲜玉米粒	400 克	葱	15 克
盐	3 克	蒜末	10 克
味精	3 克	味椒盐	10 克
淀粉	8 克	食用油	适量
红椒	15 克	香油	少许

 玉米　　 红椒　　 葱　　 蒜

小贴士

食用玉米时，应保留玉米粒的胚尖部分，因为玉米的许多营养成分都集中在这里。

制作提示

炸玉米时，油温不能太高，否则炸得太老，会影响玉米的鲜甜度。油温要控制在五成热，以使炸出的玉米效果最好。

做法演示

1. 红椒洗净切开，切成粒。

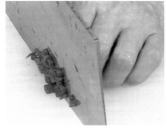

2. 葱洗净切成葱花。

3. 锅中加约 1000 毫升清水烧开，加盐拌匀。

4. 倒入玉米粒，拌匀，煮约 1 分钟至熟，捞出盛盘，撒上淀粉拌匀。

5. 热锅注入食用油，烧至五成热，倒入玉米粒，炸至米黄色后捞出。

6. 锅留底油，倒入蒜末、红椒炒香。

7. 倒入玉米粒，加味椒盐、葱花、味精炒匀。

8. 加少许香油，快速拌炒均匀。

9. 盛出装盘即可。

17

小白菜炒平菇

　　平菇含有菌糖、甘露醇糖等营养成分，可以改善人体新陈代谢、增强体质，对肝炎、慢性胃炎、十二指肠溃疡、高血压等症都有一定的食疗功效，还有追风散寒、舒筋活络的作用，可辅助治疗腰腿疼痛、手足麻木、经络不通等症。

原料

平菇	150 克	白糖	3 克
小白菜	100 克	蒜片	10 克
盐	3 克	葱段	10 克
水淀粉	10 毫升	红椒丝	少许
味精	3 克	食用油	适量

小贴士

干平菇放置在干燥阴凉处可长期保存，鲜品用保鲜膜封好，放置在冰箱中可保存 1 周左右。

制作提示

平菇不可炒制太久，否则炒出太多水，会影响成品的外观和口感。

做法演示

1. 锅置火上，烧热，倒入适量食用油，倒入蒜片爆香。

2. 倒入洗净的小白菜。

3. 再倒入平菇翻炒均匀。

4. 加入适量盐、味精、白糖，炒匀调味。

5. 用少许水淀粉勾芡。

6. 淋入少许熟油炒匀。

7. 将准备好的红椒丝、葱段放入锅中。

8. 拌炒至熟透。

9. 盛出装入盘中即可。

荷塘小炒

　　莲藕含有丰富的淀粉、蛋白质、天门冬素、维生素 C 以及氧化酶等营养成分，含糖量也很高。鲜藕生吃具有清热除烦、解渴止呕的功效；煮熟的莲藕性味甘温，能健脾开胃、益血补心。

原料

胡萝卜	100 克	白糖	3 克
莲藕	80 克	老抽	2 毫升
水发莲子	60 克	生姜片	10 克
芹菜	50 克	蒜末	10 克
水发黑木耳	50 克	葱白	少许
盐	3 克	水淀粉	少许
料酒	3 毫升	食用油	适量

小贴士

购买胡萝卜时，应选择体形圆直、表皮光滑、色泽橙红、无须根的。胡萝卜用保鲜膜封好后，置于冰箱中可以保存 2 周左右。

制作提示

切开的莲藕若要保存，可在切口处覆以保鲜膜，这样莲藕不易腐烂。

做法演示

1. 把去皮洗净的莲藕切成片。

2. 洗净的芹菜切段。

3. 将洗净去皮的胡萝卜切段，再切成片。

4. 洗净的水发黑木耳切成小块。

5. 锅中加水烧开，加盐、胡萝卜、莲藕、黑木耳，煮熟后捞出。

6. 油锅烧热，倒入生姜片、蒜末、葱白爆香。

7. 倒入焯水后的胡萝卜、莲藕、黑木耳，加料酒翻炒均匀。

8. 加盐、白糖调味。

9. 倒入莲子、芹菜炒匀。

10. 加入少许老抽炒匀。

11. 加水淀粉勾芡，加少许热油炒匀。

12. 盛出装盘即可。

西蓝花冬瓜

　　西蓝花含有丰富的蛋白质、碳水化合物、脂肪、矿物质、维生素 C 和胡萝卜素等营养成分，享有"蔬菜皇冠"的美誉，具有爽喉、开音、润肺、止咳、防癌的功效。

原料

冬瓜	300 克	鸡精	3 克
西蓝花	150 克	白糖	3 克
胡萝卜	15 克	水淀粉	10 毫升
葱花	5 克	香油	适量
盐	2 克	食用油	少许

📝 小贴士

　　购买冬瓜时可用指甲掐一下，皮较硬、肉质致密、种子已成熟变成黄褐色的冬瓜口感好；表皮有点黄的，一般都比较老，口感不好。

❗ 制作提示

　　焯烫西蓝花的时间不宜太长，否则会使其失去脆感。

🖐 做法演示

1. 将去皮洗净的冬瓜切成块。

2. 把洗好的西蓝花切成朵。

3. 将洗净去皮的胡萝卜切片。

4. 将冬瓜装入碗中，加入盐、鸡精、白糖。

5. 入锅，以中火蒸 10 分钟至熟。

6. 揭盖，取出蒸好的冬瓜。

7. 起锅注水，加盐和食用油烧开，倒入胡萝卜、西蓝花。

8. 焯熟后，捞出装盘。

9. 将西蓝花和胡萝卜摆入装有冬瓜的碗中。

10. 另起锅，倒入原汤烧开，加入水淀粉调匀。

11. 再淋入香油调成芡汁，将芡汁浇入盘内。

12. 撒上葱花即成。

△ 口味 清淡　☺ 人群 男性　✗ 技法 炒

西芹炒百合

　　西芹既可热炒，又能凉拌，深受人们喜爱，其营养价值也相当高。西芹含有铁、锌等微量元素，有平肝降压、安神镇静、防癌抗癌、利尿消肿、提高食欲的作用。多吃西芹还可以增强人体的抗病能力。

🖐 原料

西芹	100 克	鸡精	1 克
胡萝卜	50 克	生姜片	少许
鲜百合	20 克	葱白	少许
盐	2 克	食用油	适量

西芹　　　　胡萝卜　　　　鲜百合　　　　生姜

📝 小贴士

　　胡萝卜富含蔗糖、葡萄糖、淀粉、胡萝卜素以及钾、钙、磷等物质，胡萝卜应用油炒热或和肉类一起炖煮后食用，以利于人体的消化和吸收。

❗ 制作提示

　　百合微苦，焯百合的水中加少许糖可令百合更加清甜。

📧 做法演示

1. 把胡萝卜洗净去皮切成片。

2. 将西芹洗净切成段。

3. 将西芹、胡萝卜和洗净的百合倒入沸水中拌匀。

4. 焯熟，捞出后装入碗中。

5. 炒锅入油烧热，倒入西芹、胡萝卜、百合，翻炒片刻。

6. 加入盐、鸡精，拌炒约 1 分钟至入味。

7. 倒入生姜片、葱白炒香。

8. 淋入少许清水，快速炒匀。

9. 起锅盛入盘中即可。

蒜薹炒山药

　　山药富含大量的淀粉、蛋白质、B族维生素、维生素C、维生素E、黏液蛋白和矿物质，其所含的黏液蛋白有降低血糖的作用，是糖尿病患者的食疗佳品。常食山药还有增强人体免疫力、益心安神、止咳定喘、延缓衰老等保健作用。

原料

蒜薹	150 克	鸡精	2 克
山药	150 克	白糖	5 克
彩椒片	20 克	水淀粉	适量
盐	3 克	食用油	少许

蒜薹 　　山药 　　彩椒 　　白糖

小贴士

山药可红烧、蒸、煮、油炸、拔丝、蜜炙等，也可用于制作糕点。山药宜去皮后食用，以免产生麻、刺等异常口感。

制作提示

山药切片后，需要立即放在盐水或醋水中浸泡，以防止其氧化发黑。

做法演示

1. 将洗好的蒜薹切段。

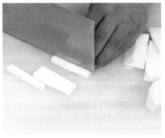

2. 把去皮洗净的山药切丝，浸泡在盐水中。

3. 锅中注水，加盐、油烧开，倒入蒜薹、山药焯烫 1 分钟。

4. 再倒入彩椒片略烫，捞出焯好的食材。

5. 热锅注油，倒入山药、彩椒片、蒜薹，拌炒约 2 分钟。

6. 加入盐、鸡精、白糖炒匀。

7. 再加入少许水淀粉勾芡。

8. 快速拌炒均匀。

9. 起锅，盛入盘内即成。

西芹百合炒腰果

　　腰果含有蛋白质、脂肪，以及多种维生素和钙、磷、铁等矿物质，具有抗氧化、防衰老、抗肿瘤和抗心血管疾病的作用。腰果含有丰富的油脂，可润肠通便、润肤美容、延缓衰老，老年人平时多吃一些腰果可以提高机体抗病能力。

原料

西芹	80 克	白糖	4 克		
鲜百合	100 克	食用油	适量		
腰果	90 克	水淀粉	适量		
盐	3 克	胡萝卜	少许		

西芹

鲜百合

腰果

白糖

做法演示

1. 西芹洗净切段。

2. 胡萝卜去皮洗净，切片。

3. 热锅注油，烧至五成热，倒入腰果，炸至变色后捞出。

4. 锅留底油，倒入适量清水，加少许盐烧开。

5. 倒入准备好的西芹，再放入鲜百合、胡萝卜，焯煮片刻捞出。

6. 热锅注油，倒入焯熟的材料，翻炒约 1 分钟至熟透。

7. 加盐、白糖调味，用水淀粉勾芡。

8. 倒入腰果，拌炒均匀。

9. 出锅装盘即可。

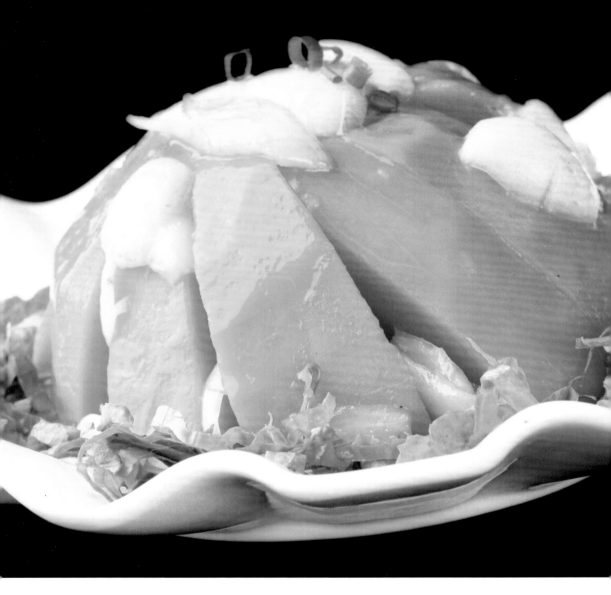

△ 口味 甜　◎ 人群 老年人　✕ 技法 蒸

百合扣金瓜

　　南瓜含有淀粉、蛋白质、胡萝卜素、维生素和钙、磷等成分，营养非常丰富。其所含的钴能活跃人体的新陈代谢，促进造血功能，并参与人体内维生素 B_{12} 的合成，是人体胰岛细胞所必需的微量元素，对防治糖尿病、降低血糖有特殊的疗效。

原料

鲜百合	180 克
南瓜	350 克
盐	3 克
鸡精	4 克
水淀粉	适量
食用油	适量

小贴士

南瓜籽味甘、性平，含氨酸、脂肪油、蛋白质、维生素 B_1、维生素 C 等，能驱虫、消肿，可辅助治疗蛔虫、百日咳、痔疮等症。

制作提示

烹饪此菜时，先将百合放入加有糖的热水中焯烫片刻，百合的味道会更佳。

做法演示

1. 南瓜去皮洗净，掏去瓤、籽，切块；百合洗净备用。

2. 锅置火上，注入适量食用油烧至三成热，倒入南瓜，滑油片刻捞出。

3. 锅留底油，加适量水，倒入南瓜翻炒，加盐、鸡精。

4. 再倒入百合炒匀。

5. 将南瓜盛入碗内，放入百合，浇入原汤汁。

6. 将碗转到蒸锅，以中火蒸 15 ~ 20 分钟。

7. 待南瓜、百合蒸至熟烂取出，倒出原汤汁，倒扣在盘内。

8. 另起锅，倒入原汁，加水淀粉调成稠汁。

9. 将稠汁浇在南瓜、百合上即可食用。

葱油芥蓝

　　芥蓝中含有有机碱，使它带有一定的苦味，能刺激人的味觉神经，增进食欲，还可加快胃肠蠕动，有助消化。芥蓝中另一种独特的苦味成分是奎宁，能抑制过度兴奋的体温中枢，起到消暑解热的作用。

原料

芥蓝	250 克	味精	3 克
葱	30 克	白糖	3 克
盐	4 克	水淀粉	适量
食用油	适量	料酒	少许

芥蓝　　　　葱　　　　　盐　　　　白糖

小贴士

　　兰花葱切法：在四五厘米长的葱白两端，分别切十字刀口，但两端不切通，中间相连，两端呈丝状，经水泡后自然卷转。

制作提示

　　芥蓝有苦涩味，炒时加入少量糖，可以改善口感。

做法演示

1. 将葱洗净切成段，芥蓝洗净切成段。

2. 锅中注入清水烧开，加入食用油，倒入芥蓝拌匀。

3. 煮约 1 分钟后，捞出备用。

4. 锅置大火上，注油烧热，倒入葱爆香。

5. 倒入芥蓝、料酒，翻炒至熟。

6. 加入盐、味精、白糖炒匀。

7. 加入少许水淀粉勾芡，炒匀。

8. 将炒好的芥蓝盛入盘内。

9. 装好盘即可食用。

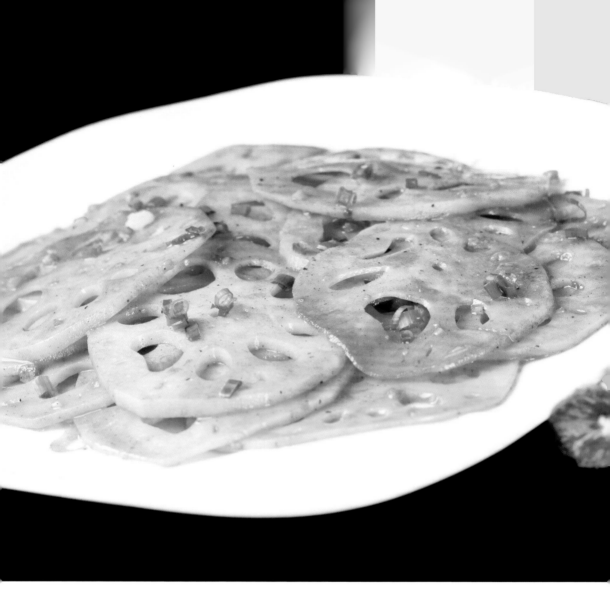

乳香藕片

　　莲藕的营养价值很高，富含铁、钙等微量元素，植物蛋白质、维生素以及淀粉含量也很丰富，有明显的补益气血、美容养颜作用。莲藕中含有黏液蛋白和膳食纤维，能与人体内的胆酸盐、食物中的胆固醇及甘油三酯结合，使其从粪便中排出，从而减少人体对脂类的吸收。

原料

莲藕	200 克	蒜末	10 克
盐	2 克	葱花	10 克
白糖	4 克	食用油	适量
味精	3 克	南腐乳	少许
白醋	3 毫升	水淀粉	适量

小贴士

购买莲藕时，以两端的节很细、藕身圆而笔直、用手轻敲声厚实、皮颜色为淡茶色、没有伤痕的为佳。莲藕不宜长久保存，尽量现买现做现食。

制作提示

腐乳本身咸味较重，因此烹饪此菜时，不宜放太多盐。

做法演示

1. 莲藕去皮洗净，切片。

2. 装入盘中备用。

3. 锅中倒入适量清水。

4. 加少许白醋烧开。

5. 倒入切好的藕片，用大火焯煮约 1 分钟至熟。

6. 捞出焯好的藕片，沥干水分。

7. 油锅烧热，倒入蒜末。

8. 再倒入南腐乳，炒香。

9. 倒入藕片。

10. 翻炒均匀后，加入盐、白糖、味精、水淀粉。

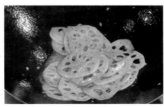

11. 快速拌炒均匀。

12. 盛出藕片，撒上葱花即成。

口味 酸　　人群 一般人群　　技法 炒

酸甜年糕

　　年糕多以糯米为材料，不但味道香甜可口，而且营养丰富，还具有健身祛病的作用。年糕富含蛋白质、钙、磷、钾、镁等营养素，热量较高，是米饭的数倍，因而不宜多吃，适量食用既能补充营养，又能增强免疫力。

🥕 原料

年糕	200 克	红椒片	15 克
西红柿	150 克	青椒片	15 克
番茄汁	50 毫升	葱花	10 克
白糖	4 克	蒜末	10 克
食用油	适量	水淀粉	适量

✐ 小贴士

　　年糕不易消化，肠胃疾病患者不宜食用。年糕宜加热后食用，冷年糕很硬，不但影响口感，而且更不易消化。

❗ 制作提示

　　年糕的味道较为清淡，加入番茄汁或其他配料炒制，口味会更加香甜可口。

👌 做法演示

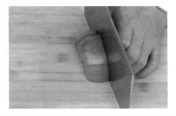

1. 将洗好的西红柿切块。

2. 洗好的年糕切块。

3. 锅中注水烧开，倒入年糕煮约 4 分钟至熟软。

4. 捞出煮好的年糕，沥干装盘。

5. 油锅烧热，倒入蒜末、部分葱花、青椒片、红椒片炒香。

6. 放入西红柿块，拌炒均匀。

7. 倒入番茄汁、白糖、年糕，炒匀。

8. 加入少许水淀粉勾芡。

9. 再淋入少许食用油。

10. 快速拌炒均匀。

11. 起锅，盛入盘中。

12. 撒上葱花即成。

菠萝咕噜豆腐

　　菠萝果实中含有蛋白质、碳水化合物、有机酸、胡萝卜素、膳食纤维、维生素、蔗糖等营养素，具有解暑止渴、消食止泻之功效，为夏令医食兼优的时令佳果。其所含的 B 族维生素还能有效地滋养肌肤、消除身体紧张感、增强机体免疫力。

原料

豆腐	300 克	红椒片	15 克
菠萝肉	100 克	蒜末	10 克
番茄汁	30 毫升	葱段	10 克
白糖	10 克	水淀粉	少许
盐	2 克	面粉	少许
青椒片	15 克	食用油	适量

小贴士

菠萝和鸡蛋不能一起吃，因为鸡蛋中的蛋白质与菠萝中的果酸结合，容易使蛋白质凝固，进而影响消化。

制作提示

鲜菠萝放在盐水中稍泡，可减轻菠萝蛋白酶对口腔黏膜的刺激，又可使菠萝更甜。

做法演示

1. 将菠萝肉切块。

2. 豆腐洗净切成方块。

3. 豆腐块均匀裹上面粉。

4. 锅置大火上，注油烧热，倒入豆腐。

5. 炸 2 ~ 3 分钟至呈金黄色，捞出豆腐。

6. 另起油锅，倒入蒜末、葱段、青椒片、红椒片爆香。

7. 倒入菠萝，注入清水。

8. 倒入番茄汁炒匀。

9. 加入白糖和盐，拌匀煮沸。

10. 倒入炸好的豆腐。

11. 再加入适量水淀粉炒匀，淋入熟油炒匀。

12. 盛入盘内即可。

素炒杂菌

　　金针菇的氨基酸含量非常丰富，高于其他菇类。金针菇中还含有一种叫朴菇素的物质，能增强机体对癌细胞的抗御能力。金针菇能降低胆固醇、预防肝脏疾病和肠胃道溃疡、增强身体免疫力、缓解疲劳，很适合高血压患者、肥胖者和中老年人食用。

原料

金针菇	100 克	蒜苗梗	20 克
白玉菇	80 克	蒜苗叶	20 克
香菇	60 克	料酒	3 毫升
鸡腿菇片	60 克	鸡精	2 克
盐	3 克	水淀粉	适量
味精	3 克	草菇片	少许
白糖	3 克	食用油	适量

小贴士

鸡腿菇集营养、食疗、保健功效于一身，且色、香、味俱佳，炒食、炖食皆可，煲汤久煮不烂，口感滑嫩，清香美味。

制作提示

炒制此菜时，不宜加太多的盐和味精，否则就失去了菌类本身的鲜味。

做法演示

1. 金针菇洗净切去根部。

2. 白玉菇洗净切去根部。

3. 香菇洗净去蒂，切片。

4. 蒜苗梗、蒜苗叶分别洗净，切段。

5. 锅中注水，加盐、鸡精、食用油煮沸。

6. 倒入洗净切片的鸡腿菇、草菇煮片刻。

7. 倒入香菇煮沸，再倒入白玉菇稍焯，捞出。

8. 另起锅，注油烧热，放入蒜苗梗煸香。

9. 倒入草菇、鸡腿菇、香菇和白玉菇，炒匀。

10. 加入料酒、盐、味精、白糖、鸡精、金针菇，炒熟。

11. 放入蒜苗叶，用水淀粉勾芡，淋熟油。

12. 盛盘即成。

🫙 口味 鲜　😊 人群 一般人群　✖ 技法 炒

鲍汁草菇

　　上海青富含的钙、铁、维生素 C 和胡萝卜素，是人体黏膜及上皮组织的重要营养源，对于抵御皮肤过度角质化大有裨益。此外，上海青还有促进血液循环、散血消肿、美容的作用。

原料

草菇	100 克	鸡精	3 克		
上海青	150 克	白糖	3 克		
鲍汁	30 毫升	老抽	3 毫升		
生姜片	20 克	料酒	适量		
葱段	15 克	水淀粉	少许		
盐	3 克	食用油	适量		

小贴士

草菇适合做汤或素炒，也可作为各种荤菜的配料。但是，无论是草菇鲜品还是草菇干品，都不宜浸泡过长时间。

制作提示

将上海青的根部切开，可以使其更易入味。

做法演示

1. 上海青去老叶洗净，留菜梗备用。

2. 洗净的草菇对半切开。

3. 锅内加水，倒入油、盐，煮沸后倒入上海青。

4. 焯熟后捞出，摆入盘中备用。

5. 再倒入草菇焯至熟，捞出后沥干备用。

6. 炒锅注油烧热，倒入葱段、生姜片爆香。

7. 倒入焯好的草菇，淋入料酒提鲜，倒入鲍汁。

8. 倒入少许清水拌匀，煮约 1 分钟至入味。

9. 加盐、鸡精、白糖调味。

10. 再淋入老抽炒匀，用水淀粉勾芡，淋入熟油炒匀。

11. 用筷子挑去葱段、生姜片。

12. 盛在上海青上即成。

南瓜炒百合

　　百合含有蛋白质、脂肪、淀粉、钙、磷、铁及秋水仙碱等多种生物碱和营养物质，有润肺、清心、调中、滋补之效，特别是对病后体弱、神经衰弱者大有裨益。支气管不好的人食用百合，有助于改善病情。

原料

原料			
南瓜	150 克	盐	2 克
青椒	15 克	白糖	1 克
鲜百合	10 克	食用油	适量

南瓜

青椒

鲜百合

做法

1. 把南瓜去皮洗净，切成片。
2. 青椒洗净切成小块。
3. 锅中注水，烧开，倒入南瓜，大火煮 1 分钟。
4. 加入百合，搅拌均匀，再煮约半分钟至熟透。
5. 捞出煮好的百合和南瓜，沥干水分。
6. 将焯熟的南瓜和百合装入盘中，备用。
7. 炒锅入油烧热，倒入青椒翻炒片刻。
8. 再倒入南瓜、百合炒匀。
9. 加入盐、白糖，炒约 1 分钟至入味后，盛入盘中即可。

PART 2

畜肉类

中国人爱吃肉，无肉不成筵席，特别是畜肉，其中含有人体所需的多种营养，可快速补充流失的能量。畜肉中的B族维生素、必需脂肪酸以及锌、铁等矿物质是无法通过蔬菜、蛋、奶等补充的，所以日常饮食要注意荤素搭配。

口味 咸　　人群 女性　　技法 煮

客家茄子煲

　　猪肉营养丰富，蛋白质含量高，还富含脂肪、维生素 B_1、钙、磷、铁等营养成分，具有补肾养血、滋阴润燥、防癌抗癌、丰肌泽肤等功效。病后体弱、产后血虚、面黄羸瘦者，都可将猪肉作为滋补之品。

原料

茄子	300 克	蚝油	5 毫升
猪肉末	100 克	红椒末	15 克
食用油	适量	蒜末	15 克
盐	3 克	白糖	适量
鸡精	3 克	水淀粉	适量
葱白	10 克	老抽	少许
葱花	10 克	料酒	少许
生抽	5 毫升		

小贴士

茄子切开后应放入盐水中浸泡，以使其不被氧化，保持茄子的本色。新鲜的茄子为深紫色，有光泽，柄末干枯，粗细均匀，无斑。

制作提示

茄子切好后，可趁着还没变色，立刻放入油里炸，这样焖煮时会更容易入味。

做法演示

1. 将已去皮洗净的茄子切条。

2. 放入清水中浸泡片刻。

3. 热锅注油，烧至五成热，倒入茄子。

4. 炸约 1 分钟至金黄色，捞出。

5. 锅留底油，倒入猪肉末爆香。

6. 加生抽、料酒炒至熟。

7. 倒蒜末、红椒末、葱白炒匀。

8. 加少许清水、蚝油、盐、鸡精、白糖调味。

9. 放入茄子，加老抽上色，焖煮片刻。

10. 用水淀粉勾芡，翻炒均匀至入味。

11. 盛入煲仔，用大火烧开，煮至入味。

12. 撒入葱花即可。

口味 咸　人群 女性　技法 炒

黄瓜木耳炒肉卷

　　黄瓜含水量高，经常食用可延缓皮肤衰老。黄瓜还含有维生素 B_1 和维生素 B_2，可以预防口角炎、唇炎，还可润滑肌肤，让你保持苗条身材。黄瓜中含有的葫芦素 C 具有提高人体免疫力的作用。

原料

黄瓜	150 克	蒜末	10 克
肉卷	100 克	葱白	10 克
水发黑木耳	50 克	老抽	3 毫升
红椒丝	15 克	水淀粉	10 毫升
生姜片	15 克	蚝油	少许
白糖	3 克	料酒	少许
盐	4 克	食用油	适量
味精	4 克		

小贴士

生长在古槐、桑木上的黑木耳很好，柘树上的其次。其余树上生的黑木耳，吃后使人动风气、发旧疾，损经络背膊。有蛇、虫从下面经过的黑木耳，都有毒。

制作提示

黄瓜不宜炒制过久，以免影响口感。黄瓜的尾部含有较多的苦味素，不要将尾部丢弃。

做法演示

1. 将洗净的黑木耳切块。

2. 将黄瓜洗净切片。

3. 将肉卷切片。

4. 锅中加适量水烧开，加盐、食用油，倒入黑木耳，煮沸后捞出。

5. 热锅注油，烧至四成热，倒入肉卷，炸至金黄色捞出。

6. 锅留底油，倒入红椒丝、生姜片、蒜末、葱白。

7. 加入黑木耳炒香，倒入黄瓜，加料酒炒匀。

8. 倒入肉卷，加入盐、味精、白糖、老抽、蚝油炒至入味。

9. 用水淀粉勾芡，盛出即可。

雪里蕻肉末

　　雪里蕻是有助减肥的绿色食物代表，可促进排出体内积存的废弃物，净化身体。同时，还能够补充维生素和矿物质，激发体内原有动力，并促进消化、吸收。此外，雪里蕻还具有抗老化的功效。

雪里蕻	350 克	蒜末	10 克
猪肉末	60 克	红椒圈	10 克
盐	3 克	老抽	3 毫升
料酒	3 毫升	水淀粉	少许
鸡精	3 克	食用油	适量
味精	3 克		

小贴士

雪里蕻腌渍后有一种特殊的鲜味和香味，能促进胃、肠消化功能，增进食欲，可用来开胃，帮助消化。

制作提示

制作此菜肴时，焯煮过的雪里蕻应先沥干水分再炒，口感会更脆嫩爽口。

做法演示

1. 将雪里蕻洗净切小段。

2. 锅中倒入清水，加食用油煮沸，倒入雪里蕻。

3. 拌煮约 1 分钟，至熟软后捞出。

4. 将雪里蕻放入清水中浸泡片刻，滤出备用。

5. 锅中注油烧热，倒入猪肉末翻炒至变白。

6. 加入料酒和老抽炒匀。

7. 倒入蒜末、红椒圈、雪里蕻，翻炒均匀。

8. 加盐、鸡精、味精炒匀。

9. 加入水淀粉勾芡。

10. 加入少许熟油炒匀。

11. 盛入盘内。

12. 装好盘即可食用。

苦瓜炒肥肠

　　苦瓜中的蛋白质、脂肪、碳水化合物含量在瓜类蔬菜中较高，特别是维生素 C 的含量，居瓜类之冠。苦瓜还含有丰富的矿物质，经常食用苦瓜，能解疲乏、清热消暑、明目解毒、益气壮阳、降压降糖。

📋 原料

苦瓜	300 克	生姜片	15 克		
熟肥肠	200 克	蒜末	15 克		
葱白	10 克	白糖	3 克		
红椒片	10 克	老抽	3 毫升		
盐	3 克	水淀粉	适量		
味精	3 克	小苏打	少许		
料酒	3 毫升	食用油	适量		

✎ 小贴士

用半罐可乐将肥肠腌半小时，再用淘米水反复搓洗，可以迅速洗去肥肠的异味。

❗ 制作提示

苦瓜焯水时，要用大火，以保持苦瓜的脆嫩，焯好后要快速过凉水，以保持苦瓜的绿色。

🍴 做法演示

1. 将已洗好去除瓜瓤的苦瓜切成片。

2. 熟肥肠切块。

3. 锅中注水烧热，加入小苏打烧开。

4. 倒入苦瓜，煮沸后捞出。

5. 油锅烧热，倒入生姜片、蒜末、葱白、红椒片、肥肠，炒匀。

6. 加适量料酒炒香，加适量老抽上色。

7. 倒入苦瓜翻炒至熟。

8. 加盐、味精、白糖调味，用水淀粉勾芡。

9. 淋入熟油拌匀，盛出即成。

年糕炒腊肉

　　腊肉选用新鲜的带皮五花肉，分割成块，用盐和少量亚硝酸钠或硝酸钠、黑胡椒、丁香、香叶、茴香等香料腌渍，再经风干或熏制而成，含有磷、钾、钠、脂肪、蛋白质、碳水化合物等元素，具有开胃祛寒、消食等功效。

📋 原料

年糕	200 克	葱段	15 克
腊肉	200 克	味精	3 克
盐	2 克	白糖	3 克
胡萝卜片	20 克	料酒	少许
生姜片	15 克	食用油	适量

腊肉	盐	胡萝卜	生姜

📝 小贴士

　　煮稀饭时，放入年糕块，称为年糕稀饭，作早餐既好吃又耐饥。煲饭时，放上几块年糕，待饭好后直接食用，米香扑鼻。

⚠ 制作提示

　　年糕受热容易粘锅，因此要用小火不断地翻炒，使年糕在不粘锅的同时还能吸收浓稠的汤汁。

✉ 做法演示

1. 将洗好的腊肉切片。

2. 洗净的年糕切块。

3. 锅中倒入适量清水烧开，放入腊肉。

4. 煮约 2 分钟，至熟后捞出。

5. 再倒入切好的年糕。

6. 煮 1 分钟，至熟后捞出备用。

7. 热锅注油，放腊肉煸炒出油。

8. 放入生姜片和部分葱段拌匀。

9. 倒入年糕、胡萝卜片，拌炒均匀。

10. 加入盐、味精、白糖，再淋入料酒炒匀。

11. 撒入剩余葱段，拌炒均匀。

12. 盛出装盘即成。

香芹炒猪肝

　　猪肝富含维生素Ａ、铁、锌、铜等营养成分，有补血健脾、养肝明目的功效，可用于辅助治疗贫血、头昏、目眩、视力模糊、两眼干涩、夜盲等病症，还能增强人体免疫力、抗氧化、防衰老、一定程度上抑制肿瘤细胞的产生。

原料

猪肝	200 克	味精	3 克
芹菜	150 克	白糖	3 克
生姜片	10 克	蚝油	适量
盐	3 克	食用油	适量
水淀粉	适量	香油	适量
蒜末	10 克	姜葱酒汁	少许
红椒丝	10 克		

小贴士

刚买回来的猪肝要先冲洗 10 分钟，然后放在水中浸泡半小时。

制作提示

猪肝不宜炒得太嫩，否则有毒物质会残留其中，可能诱发癌症、白血病。

做法演示

1. 将洗净的芹菜切成段。

2. 处理干净的猪肝切片，装入盘中。

3. 猪肝加姜葱酒汁、盐、味精、水淀粉，腌渍片刻。

4. 热锅注油，烧热，倒入猪肝炒匀。

5. 放入生姜片、蒜末、红椒丝，拌炒均匀。

6. 倒入芹菜段炒匀，加入盐、味精、白糖炒匀。

7. 加入蚝油炒匀，再用水淀粉勾芡。

8. 淋入少许香油，快速拌匀。

9. 盛出装盘即可。

冬笋炒香肠

　　冬笋含有丰富的植物蛋白、脂肪、糖类、胡萝卜素、维生素等营养成分，具有清热解毒、促进肠道蠕动、帮助消化的功效，对防治大肠癌以及乳腺癌等疾病也有一定的食疗作用。

小贴士

冬笋颜色洁白、肉质细嫩、味道清香，质量好的冬笋呈枣核形（即两头小中间大），驼背鳞片，略带茸毛，皮黄白色，肉淡白色。

制作提示

焯煮冬笋，要注意时间和水温，时间过长、水温过高会使冬笋失去清脆的口感。

做法演示

1. 将已去皮洗净的冬笋切片。

2. 把洗好的腊肠切片。

3. 将切好的腊肠、冬笋分别装入盘中备用。

4. 油锅烧热，倒入蒜末、蒜苗段爆香。

5. 倒入腊肠。

6. 加入少许清水，拌炒至熟。

7. 倒入冬笋，翻炒约 1 分钟至熟透。

8. 加入盐、味精、白糖、料酒和蚝油。

9. 拌炒至入味。

10. 加入少许水淀粉勾芡。

11. 快速拌炒均匀。

12. 起锅，盛入盘中即可。

△ 口味 酸　☺ 人群 **一般人群**　✖ 技法 炒

菠萝炒排骨

　　猪排骨具有很高的营养价值，有滋阴壮阳、益精补血、强壮体格之功效。猪排骨除含有蛋白质、脂肪、维生素之外，还含有大量磷酸钙、骨胶原、骨黏蛋白等营养成分，尤其适宜幼儿和老年人食用。

原料

猪排骨	150 克	盐	3 克
菠萝肉	150 克	味精	3 克
番茄汁	30 毫升	白糖	4 克
青椒片	15 克	吉士粉	10 克
红椒片	15 克	面粉	20 克
葱段	10 克	水淀粉	适量
蒜末	10 克	食用油	少许

小贴士

优质菠萝的果实呈圆柱形或两头稍尖的卵圆形，大小均匀适中，果形端正，芽眼数量少。成熟度好的菠萝表皮呈淡黄色或亮黄色，两端略带青绿色。

制作提示

腌渍排骨时加少许蛋清，可增加肉的鲜嫩程度。

做法演示

1. 将洗净的猪排骨斩段。

2. 菠萝肉切块。

3. 排骨加盐、味精拌匀，再加入吉士粉拌匀。

4. 均匀裹上面粉，腌渍 10 分钟。

5. 锅置大火上，注油烧热，放入排骨拌匀。

6. 炸约 4 分钟，至金黄色且熟透后，捞出。

7. 另起油锅，放入葱段、蒜末、青椒片、红椒片爆香。

8. 加入少许清水，倒入菠萝肉炒匀。

9. 倒入番茄汁拌匀，加白糖和少许盐调味。

10. 倒入炸好的排骨，加入水淀粉炒匀。

11. 淋入少许熟油拌匀。

12. 盛入盘内即可。

鸡腿菇炒牛肉

鸡腿菇营养丰富，含有蛋白质、碳水化合物、钙、磷及多种维生素，能增强免疫力、安神除烦。鸡腿菇搭配富含蛋白质、B 族维生素、钙、铁等营养成分的牛肉一起烹饪，有补中益气、滋养脾胃、强健筋骨等功效。

牛肉	200 克	盐	3 克
鸡腿菇	150 克	味精	2 克
白糖	3 克	水淀粉	少许
青椒	15 克	小苏打	少许
红椒	15 克	料酒	适量
生抽	5 毫升	食用油	适量
蚝油	5 毫升		

小贴士

鸡腿菇不仅具有非常高的保健、食疗价值，而且口感滑嫩、清香味美，因而受到人们的喜爱。

制作提示

切牛肉时，应垂直牛肉的纤维纹路横切，将肉的纤维斩断，这样炒出的牛肉容易嚼烂。

做法演示

1. 将洗好的鸡腿菇切片。

2. 洗净的青椒、红椒切片。

3. 牛肉洗净切片，加小苏打、食用油、味精、盐、水淀粉拌匀。

4. 倒入生抽拌匀，腌渍 10 分钟。

5. 油锅烧至四成热，放入牛肉，滑油片刻，捞出。

6. 放入鸡腿菇、青椒片、红椒片。

7. 滑油片刻后，捞出备用。

8. 锅留底油，放入鸡腿菇、青椒、红椒、牛肉。

9. 加盐、味精、白糖、蚝油、料酒炒至熟。

10. 用水淀粉勾芡。

11. 翻炒片刻，至熟透且入味。

12. 出锅盛盘即可。

酸梅酱蒸排骨

　　猪排骨能提供人体生理活动必需的优质蛋白质、脂肪，尤其是它丰富的钙质可维护骨骼健康。酸梅含有大量的蛋白质、碳水化合物和多种无机盐、有机酸，具有生津解渴、刺激食欲、消除疲劳等功效。

猪排骨	450 克	葱花	10 克
生姜末	15 克	料酒	适量
盐	4 克	香油	适量
酸梅酱	25 克	淀粉	少许

猪排骨　　　生姜　　　盐　　　葱花

✒️ 小贴士

　　酸梅酱可以用来去腥。要选肥瘦相间的排骨，不能选全部是瘦肉的，否则肉中没有油分，蒸出来的排骨口感会比较柴。

❗ 制作提示

　　排骨斩块后，要用清水冲洗干净血水，这样蒸出的排骨色泽更白。

📋 做法演示

1. 把猪排骨洗净斩成小件。

2. 斩件的排骨放入盘中。

3. 加入生姜末、盐、料酒拌匀，再倒入酸梅酱拌匀。

4. 撒上淀粉拌匀，再淋入香油腌渍入味。

5. 将腌好的排骨摆好造型。

6. 将排骨放入蒸锅。

7. 盖上锅盖，用中火蒸 15 分钟至熟。

8. 取出蒸好的排骨。

9. 撒上葱花即成。

咸蛋蒸肉饼

　　猪肉含有丰富的优质蛋白质和人体必需的脂肪酸，并且能提供血红素和促进铁吸收的半胱氨酸，能改善缺铁性贫血。五花肉还富含铜，铜是人体健康不可缺少的微量元素，对于血液、中枢神经和免疫系统的发育和功能有重要影响。

原料

五花肉	400 克	鸡精	3 克
葱花	10 克	淀粉	20 克
咸鸭蛋	1 个	生抽	少许
味精	2 克	香油	少许
盐	3 克	食用油	适量

小贴士

咸鸭蛋以色泽鲜明干净，蛋壳较毛糙，摇晃无声响，在灯光下观看通透明亮的为佳品。

制作提示

烹饪此菜时，肉末一定要打至起胶，口感才会脆爽。

做法演示

1. 五花肉洗净剁成末，加入盐、味精、鸡精拌匀。

2. 淋上生抽拌匀，拍打至起浆，撒上淀粉拌匀。

3. 淋入香油，拌至起胶，在盘内铺展成饼状。

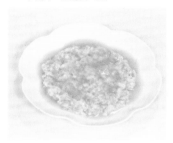

4. 再将咸鸭蛋打入肉饼中间，使蛋清铺匀。

5. 把蛋黄用刀背轻轻压平。

6. 把蛋黄放在盘中间，稍稍压紧实。

7. 将盘子放入蒸锅，加盖，用中火蒸 10 分钟左右至熟。

8. 取出蒸好的肉饼，撒上葱花，淋上熟油。

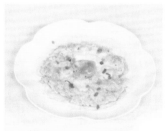

9. 摆好盘即成。

△ 口味 咸　☺ 人群 女性　✕ 技法 蒸

豆香排骨

　　猪排骨味道鲜美，也不会太过油腻，且富含蛋白质、脂肪、维生素等营养物质。黄豆酱富含优质蛋白质，烹饪时不仅能增加菜品的营养价值，而且蛋白质在微生物的作用下生成氨基酸，可使菜品呈现出更加鲜美的滋味，有开胃助食的功效。

原料

猪排骨	300 克	蒜末	15 克
盐	3 克	葱花	10 克
鸡精	1 克	淀粉	少许
黄豆酱	30 克	料酒	少许
生姜片	15 克	食用油	适量

猪排骨　　生姜　　　蒜　　　葱花

小贴士

黄豆酱富含优质蛋白质，烹饪时不仅能增加菜品的营养价值，而且蛋白质在微生物的作用下生成氨基酸，可使菜品呈现出更加鲜美的滋味，有开胃助食的功效。

制作提示

排骨斩成小块再蒸制，更易入味，还可缩短蒸制的时间。

做法演示

1. 将猪排骨洗净斩成块。

2. 把切好的排骨装入碗中。

3. 加入准备好的生姜片、蒜末。

4. 再加入适量盐、鸡精、料酒，拌匀。

5. 加入黄豆酱，拌匀。

6. 加入少许淀粉，拌匀。

7. 再淋入少许食用油，拌匀。

8. 将拌好的排骨盛入盘中，覆上保鲜膜。

9. 将调好味的排骨放入微波炉。

10. 选择相关功能键，时间设定为 16 分钟。

11. 待排骨蒸熟后取出，去掉保鲜膜。

12. 撒上葱花即成。

📗 口味 鲜　😊 人群 儿童　✂ 技法 蒸

榄菜肉末蒸豆腐

　　豆腐的蛋白质含量比大豆高，而且属于完全蛋白，不仅含有人体必需的8种氨基酸，其比例也接近人体需要，营养价值更高。豆腐还含有碳水化合物、维生素和矿物质等多种营养成分。

原料

豆腐	300 克	老抽	3 毫升
猪肉末	200 克	料酒	3 毫升
橄榄菜	50 克	食用油	适量
盐	3 克	葱花	少许
味精	2 克		

豆腐

猪肉末

橄榄菜

葱花

小贴士

将橄榄压破后，直接用清水浸泡，或煮熟后再用清水浸泡两天，都可以让涩汁沥去。

制作提示

买回来的豆腐若暂时不食用，可放在盐水中煮沸，放凉后连水放在保鲜盒里，再放进冰箱。

做法演示

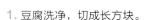

1. 豆腐洗净，切成长方块。

2. 油锅烧热，倒入猪肉末炒匀。

3. 加老抽、料酒翻炒至熟。

4. 加味精、盐调味，倒入橄榄菜炒匀，盛出。

5. 豆腐撒上盐。

6. 放上炒熟的肉末。

7. 转到蒸锅，加盖以大火蒸 3 分钟。

8. 取出蒸好的豆腐。

9. 撒上葱花，淋入热油即成。

咸菜炒肥肠

　　肥肠含有人体必需的钠、锌、钙、蛋白质、脂肪等营养成分，有润肠、补虚、止血之功效，尤其适用于消化系统疾病患者。但是，肥肠的胆固醇含量高，高血压、高脂血症、糖尿病以及心脑血管疾病患者不宜多吃。

原料

咸菜	200 克	白糖	3 克
熟肥肠	150 克	味精	2 克
红椒	20 克	蚝油	5 毫升
盐	1 克	料酒	3 毫升
葱段	10 克	老抽	少许
生姜片	15 克	水淀粉	少许
蒜末	15 克	食用油	适量

小贴士

吃咸菜可以调节胃口、增强食欲、补充膳食纤维，但不宜多吃和长期食用，否则易引起心脑血管疾病和骨质疏松。

制作提示

咸菜比较咸，烹制此菜时不宜加太多盐，否则会影响口感。

做法演示

1. 将咸菜洗净切片。

2. 熟肥肠洗净切块。

3. 洗净的红椒切片。

4. 锅中加清水烧开，放入咸菜。

5. 煮沸后捞出。

6. 热锅注油，倒入生姜片、蒜末、红椒片、葱段。

7. 再倒入肥肠炒香。

8. 加料酒、老抽上色。

9. 放入咸菜，翻炒1分钟至熟透。

10. 加味精、盐、白糖、蚝油调味。

11. 用水淀粉勾芡，淋入熟油拌匀。

12. 出锅装好盘即可。

73

猪肺炒山药

　　山药含有丰富的黏蛋白、淀粉酶、皂苷、黏液质、游离氨基酸、多酚氧化酶等物质，具有滋补的作用，为病后康复食补之佳品。其所含的皂苷、黏液质，有润滑、滋润的作用，因此在天气较干燥的春季进补山药最为适宜。

74

原料

猪肺	200 克	红椒片	15 克
山药	100 克	味精	2 克
盐	3 克	鸡精	2 克
生姜片	10 克	蚝油	5 毫升
食用油	适量	白醋	5 毫升
洋葱片	10 克	水淀粉	少许
蒜末	10 克	料酒	少许
青椒片	15 克		

小贴士

选购猪肺时，以表面色泽粉红、有光泽、均匀，富有弹性的为佳。烹饪猪肺前要反复洗揉，将肺管套在水龙头上，使水灌入肺内，让肺扩张，待大小血管都充满水后，再将水倒出，如此反复多次。

制作提示

新鲜山药切开时会有黏液，可以先用清水加少许醋洗一遍，这样可减少黏液。

做法演示

1. 将已去皮洗净的山药切片。

2. 处理干净的猪肺切片。

3. 锅中注水烧开，加少许白醋，倒入山药。

4. 煮约 1 分钟至熟，捞出。

5. 猪肺倒入锅中，大火煮约 5 分钟，至熟后捞出。

6. 热锅注油，倒入蒜末、生姜片、青椒片、红椒片、洋葱片。

7. 倒入猪肺，加少许料酒炒匀。

8. 倒入山药。

9. 加蚝油、盐、味精、鸡精炒匀。

10. 加少许水淀粉勾芡。

11. 再淋入熟油，拌炒均匀。

12. 盛入盘中即可。

🔺口味 鲜　😊人群 老年人　❌技法 炖

猪肺菜干汤

　　猪肺含有蛋白质、脂肪、钙、磷、铁、维生素等营养成分，有补虚、止咳、止血之功效，尤其适合肺虚久咳者、肺结核患者食用。而菜干富含膳食纤维和矿物质，食用后能消除内火、清热益肠，还能防治皮肤病。

原料

猪肺	300 克	鸡精	3 克		
菜干	100 克	料酒	5 毫升		
生姜片	15 克	猪油	适量		
盐	3 克	罗汉果	少许		
味精	2 克				

猪肺　　　菜干　　　生姜　　　罗汉果

小贴士

凡肺气虚弱如肺气肿、肺结核、哮喘、肺痿等患者，以猪肺作为食疗之品，最为有益。猪肺与鱼腥草相配，具有消炎解毒、滋阴润肺的功效。

制作提示

清洗猪肺时，放适量面粉和水，用手反复揉搓，可彻底去除猪肺的附着物。

做法演示

1. 将菜干洗净切段。

2. 把猪肺洗净切块。

3. 菜干放入沸水中焯烫后捞出。

4. 再倒入猪肺，加盖煮约 3 分钟至熟透。

5. 捞出猪肺，用清水洗净。

6. 锅置大火上，放猪油烧热，倒入生姜片爆香。

7. 倒入猪肺，加入料酒炒匀，注入适量清水，加盖煮沸。

8. 倒入菜干和罗汉果煮沸。

9. 将煮好的食材倒入砂煲。

10. 加盖，大火烧开后改小火炖 1 小时。

11. 揭盖，加入盐、味精、鸡精调味。

12. 端出砂煲即成。

雪梨猪肺汤

　　猪肺富含多种营养物质，具有补虚损、健脾胃的功效，适宜气血虚损、身体瘦弱者食用。雪梨中含有糖、鞣酸、多种维生素及微量元素等成分，具有祛痰止咳、降血压、软化血管等功效，对肝炎患者的肝脏还具有保护作用。

猪肺　　　200 克
雪梨　　　80 克
生姜片　　20 克
盐　　　　3 克
鸡精　　　3 克
料酒　　　适量

小贴士

猪肺不要买鲜红色的，充血的猪肺炖出来会发黑，最好选择颜色稍淡的猪肺。猪肺保存时间不能超过 72 小时。

制作提示

猪肺中有很多杂质，所以制作前要先放入沸水中氽烫 5 分钟以上，不仅能去腥，还可去除杂质。

做法演示

1. 雪梨洗净去皮，切块。

2. 猪肺洗净切块。

3. 锅中加清水烧开，倒入猪肺，加盖煮约 5 分钟至熟。

4. 捞出煮熟的猪肺，洗净。

5. 煲仔置于大火上，加适量清水烧开。

6. 倒入猪肺、生姜片、料酒。

7. 加盖烧开后，转小火煲约 40 分钟。

8. 揭盖加入雪梨，加盖小火煲 10 分钟，再揭盖，加盐、鸡精调味。

9. 转到汤碗即可。

蚝油青椒牛肉

　　牛肉富含蛋白质、脂肪、牛磺酸、B族维生素及钙、磷、铁等营养成分，有补中益气、滋养脾胃、强健筋骨等保健功效，食之能增强免疫力，对久病体虚、头晕目眩、面色萎黄、腰膝酸痛、水肿等症有一定的食疗作用。

原料

牛肉	300 克	生姜片	10 克
青椒	30 克	蒜末	10 克
红椒	15 克	生抽	5 毫升
盐	3 克	老抽	5 毫升
白糖	2 克	蚝油	少许
水淀粉	适量	料酒	少许
小苏打	1 克	食用油	适量
葱白	15 克		

小贴士

牛肉含有的蛋白质、氨基酸组成比猪肉更接近人体需要，常食可以很好地提高机体的抗病能力。牛肉对术后恢复以及在修复组织等方面也有非常好的食疗功效。

制作提示

腌渍牛肉丁时加少许啤酒，可增加牛肉的鲜嫩程度。

做法演示

1. 牛肉洗净，切段，再切成丁。

2. 青椒、红椒洗净，切片。

3. 牛肉丁里加少许小苏打、生抽、盐拌匀。

4. 加水淀粉、食用油拌匀，腌渍 15 分钟。

5. 油锅烧至四成热，倒入牛肉丁，滑油片刻捞出。

6. 锅留底油，放入生姜片、蒜末、葱白爆香。

7. 加青椒片、红椒片炒匀。

8. 倒入牛肉丁炒匀。

9. 淋入料酒炒香。

10. 加盐、白糖、蚝油、老抽炒匀。

11. 加水淀粉勾芡，翻炒均匀至入味。

12. 盛入盘中即可。

西芹炒猪心

　　猪心的蛋白质含量是猪肉的 2 倍，脂肪含量却极少。猪心还富含钙、磷、铁、维生素等营养成分，具有安神定惊、养心补血之功效，常食猪心可缓解女性绝经后阴虚心亏、心神失养所致诸症。

原料

西芹	70 克	料酒	少许
猪心	150 克	白糖	少许
生姜片	15 克	淀粉	适量
葱段	15 克	水淀粉	适量
盐	4 克	食用油	适量
味精	2 克		

西芹　　　猪心　　　生姜　　　　盐

小贴士

买回猪心后，立即将其在少量面粉中滚一下，取出放置 1 小时左右，然后用清水洗净，这样烹炒出来的猪心味美纯正。

制作提示

猪心宜氽水后再腌渍，这样不仅可以缩短成菜的时间，还能消除异味。

做法演示

1. 洗净的西芹切成小段。

2. 洗净的猪心切片，放入盘中，加入料酒。

3. 再加入少许盐、味精，用筷子拌匀。

4. 倒入淀粉，腌渍 10 分钟。

5. 热锅注油，倒入猪心翻炒至断生。

6. 倒入生姜片、葱段、西芹段炒熟，加盐、味精、白糖炒匀。

7. 倒入少许水淀粉。

8. 拌炒均匀，使其入味。

9. 盛入盘中即成。

△ 口味 咸　◎ 人群 女性　✕ 技法 炒

咖喱牛肉

　　牛肉的蛋白质含量很高，其氨基酸组成也很适合人体。牛肉含有较多的钙、铁、硒等矿物质，尤其是铁元素的含量较高，而且是人体容易吸收的动物性血红蛋白铁，比较适合生理性贫血的女性食用，对人体的生长发育也很有帮助。

原料

牛肉	300 克	味精	2 克
土豆	50 克	红椒	15 克
洋葱	50 克	蒜末	15 克
咖喱膏	10 克	生姜片	15 克
盐	3 克	料酒	少许
生抽	4 毫升	水淀粉	适量
白糖	3 克	食用油	适量

做法

1. 土豆、洋葱去皮、洗净，切片；红椒洗净，去籽切片。
2. 牛肉洗净切片，加少许盐腌渍 10 分钟。
3. 油锅烧热，放入土豆，炸片刻后捞出沥油备用。
4. 再倒入腌好的牛肉片，滑油片刻，捞出备用。
5. 锅底留少许油烧热，倒入生姜片、蒜末爆香。
6. 倒入洋葱、红椒、土豆炒匀。
7. 再放入牛肉炒匀，淋入少许料酒、生抽炒匀。
8. 倒入咖喱膏，翻炒至入味。
9. 加入剩余的盐、味精、白糖、水淀粉，用中小火炒匀，出锅盛入盘中即可。

PART 3

禽蛋类

　　家禽饲养在我国具有悠久的历史，其中常见的有鸡、鸭、鹅、鸽等。禽类的营养成分是极其丰富的，特别是其附加品——蛋类，非常"补"人。常食禽蛋类食物具有延缓机体衰老、保护肝脏、健脑益智等功效。

香蕉滑鸡

　　香蕉含有丰富的维生素和矿物质，食用香蕉可以很容易地补充人体所需的这些营养素。香蕉中的钾能预防血压上升及肌肉痉挛，镁则具有消除疲劳的功效，香蕉还有清热、解毒、生津、润肠的功效。

原料

鸡胸肉	300 克	淀粉	20 克
香蕉	1 根	盐	3 克
鸡蛋液	少许	料酒	3 毫升
面包糠	少许	食用油	适量

做法演示

1. 鸡胸肉洗净切薄片，装盘。

2. 香蕉切段，去皮，切成均匀大小的条块，装盘，撒入淀粉。

3. 鸡肉加盐、料酒、鸡蛋液拌匀，腌渍 10 分钟。

4. 把香蕉条放在鸡肉片上。

5. 卷紧实，即成肉卷，摆在盘中备用。

6. 肉卷粘上鸡蛋液，再裹上面包糠，装盘备用。

7. 热锅注油烧至四成热，放入鸡肉卷，炸约 2 分钟。

8. 将炸好的鸡肉卷夹出，摆入盘中。

9. 摆上装饰品即可。

鸡蓉酿苦瓜

　　苦瓜味苦，性寒，无毒，富含蛋白质、脂肪、碳水化合物和维生素 C 等，可除邪热、解劳乏、清心、聪耳明目、轻身，还能使人肌肤红润有光泽、精力充沛。常食苦瓜还有降血糖、抗肿瘤、抗病毒、抗菌、增强免疫力等作用。

🍳 原料

鸡胸肉	250 克	白糖	4 克
苦瓜	200 克	鸡精	4 克
红椒	20 克	小苏打	少许
淀粉	30 克	水淀粉	适量
盐	3 克	食用油	适量
味精	3 克		

📝 小贴士

鸡胸肉的蛋白质含量非常高，且易被人体吸收利用，具有补虚填精、强健筋骨、温中益气、健脾益胃等功效。

❗ 制作提示

烹饪前将苦瓜片放入盐水中浸泡片刻，可以减轻苦瓜的苦味。

✋ 做法演示

1. 苦瓜洗净切段，挖去苦瓜籽。

2. 红椒洗净切菱形片备用。

3. 鸡胸肉洗净剁碎，加盐、味精、白糖拌 2 分钟至糖溶化。

4. 加入部分淀粉，拍打至起浆。

5. 清水入锅烧热，加小苏打和油烧开，下入苦瓜，稍焯。

6. 沥干，捞出备用。

7. 将焯好的苦瓜抹上淀粉，塞入鸡肉蓉，捏紧，摆盘。

8. 依此处理完其余的苦瓜段，再摆好红椒片，放入盘中。

9. 将盘子放入蒸锅，加盖蒸约 7 分钟至熟。

10. 取出蒸好的苦瓜。

11. 锅中注油烧热，加入水、味精、鸡精、盐、水淀粉制成芡汁。

12. 将芡汁浇在苦瓜上即可。

菠萝鸡丁

　　菠萝肉营养丰富，富含全糖、有机酸、蛋白质、粗纤维，并含有多种维生素，钙、铁、磷等的含量也很丰富。菠萝中的 B 族维生素能有效地滋养肌肤，防止皮肤干裂，保持头发的光泽，同时也可以消除身体的紧张感、增强机体的免疫力。

原料

鸡胸肉	300 克	红椒	20 克
菠萝肉	200 克	蒜末	15 克
番茄汁	少许	葱白	15 克
白糖	4 克	水淀粉	适量
盐	4 克	味精	适量
青椒	20 克	食用油	适量

小贴士

菠萝性平，味甘，具有消食止泻、清暑解渴、补益气血、补脾益胃、养颜瘦身等功效。食用过多肉类或肥腻食物后，适量吃些菠萝可以防止脂肪沉积。

制作提示

切好的菠萝先用盐水浸泡一下。菠萝不宜翻炒过久，否则会降低其营养价值。

做法演示

1. 青椒洗净切小片。

2. 红椒洗净切小片。

3. 菠萝肉切小丁。

4. 鸡胸肉洗净切丁，加盐、水淀粉、味精、油腌渍 10 分钟。

5. 热锅注油，烧至四成热。

6. 倒入鸡丁，滑油片刻捞出。

7. 锅留底油，加入蒜末、葱白爆香。

8. 倒入切好的青椒、红椒。

9. 放入切好的菠萝炒匀，注入少许清水煮沸。

10. 加番茄汁、白糖和盐调味，倒入鸡丁，用水淀粉勾芡。

11. 淋入熟油拌匀盛出。

12. 装好盘即可。

91

怪味鸡丁

　　鸡肉肉质细嫩，滋味鲜美，含有丰富的蛋白质，而且消化率高，很容易被人体吸收利用。鸡肉含有对人体生长发育有重要作用的磷脂类、矿物质及多种维生素，有增强体力、强壮身体的作用，对营养不良、畏寒怕冷、贫血等症也有良好的食疗作用。

原料

菠萝肉	250 克	蒜末	15 克
鸡胸肉	200 克	生姜片	15 克
盐	3 克	白糖	4 克
葱末	10 克	味精	2 克
水淀粉	适量	料酒	少许
青椒片	30 克	番茄汁	少许
红椒片	30 克	食用油	适量

小贴士

雄性鸡肉，其性属阳，温补作用较强，比较适合阳虚气弱患者食用。雌性鸡肉属阴，比较适合产妇、年老体弱者及久病体虚者食用。

制作提示

鲜菠萝肉用淡盐水泡上半小时，可减轻菠萝蛋白酶对口腔黏膜和嘴唇的刺激。

做法演示

1. 菠萝肉洗净切成丁。

2. 鸡胸肉洗净切成丁。

3. 鸡丁加盐、味精、水淀粉、食用油拌匀，腌渍 10 分钟。

4. 将菠萝倒入沸水锅中。

5. 煮约 1 分钟，捞出备用。

6. 锅中注油烧热，倒入鸡胸肉。

7. 滑油至白色，捞出备用。

8. 锅留底油，倒入葱末、生姜片、蒜末、青椒、红椒，炒香。

9. 倒入菠萝丁、鸡丁炒匀至熟，加入料酒炒香。

10. 再加入盐、白糖、番茄汁，炒匀调味。

11. 加入少许水淀粉，快速翻炒均匀。

12. 盛入盘内即可。

咖喱鸡块

　　鸡肉性平、温，味甘，入脾、胃经，可益气、补精、填髓，适用于虚劳瘦弱、头晕心悸、月经不调、产后乳少等症。鸡肉还具有抗氧化和一定的解毒作用，在改善心脑功能、促进儿童智力发育方面，更是有较好的作用。

原料

鸡肉	500 克	淀粉	适量
洋葱	50 克	水淀粉	适量
土豆	50 克	葱段	15 克
青椒	20 克	白糖	3 克
红椒	20 克	老抽	3 毫升
生姜片	10 克	咖喱膏	适量
生抽	10 毫升	食用油	少许
料酒	5 毫升	盐	4 克

小贴士

洋葱有"菜中皇后"的美称，不仅肉质柔嫩、汁多味美，还具有刺激食欲、帮助消化等食疗功效，经常食用，可以调节肠胃功能。

制作提示

鸡块在炸之前用生抽、料酒、盐等腌渍，既可去腥，又可使鸡肉肉质变嫩。

做法演示

1. 将去皮洗净的土豆切块。

2. 洗好的洋葱切片。

3. 洗净的青椒、红椒切片。

4. 鸡肉洗净斩块，加生抽、料酒、盐、淀粉腌渍。

5. 油锅烧至三成热，放入土豆，炸至金黄色捞出。

6. 倒入鸡块，炸至断生捞出。

7. 锅留底油，爆香生姜片、葱段、青椒片、红椒片、洋葱片。

8. 倒入鸡块炒匀。

9. 加咖喱膏、料酒炒香。

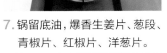

10. 加土豆、清水、白糖、老抽、盐，煮 3 分钟。

11. 用水淀粉勾芡，淋入熟油拌匀。

12. 盛出装盘即可。

药膳乌鸡汤

　　乌鸡含有人体不可缺少的赖氨酸、蛋氨酸和组氨酸，有相当高的滋补药用价值，特别是烟酸、维生素 E、磷、铁的含量均高于普通鸡肉，有滋阴、补肾、养血、填精、益肝、退热、补虚的作用。经常食用乌鸡能提高人体的免疫力。

原料

乌鸡	300 克	薏米	7 克
生姜片	3 克	杏仁	6 克
党参	5 克	黄芪	4 克
当归	3 克	盐	4 克
莲子	5 克	鸡精	4 克
山药	4 克	料酒	适量
百合	7 克	食用油	适量

小贴士

食用乌鸡可以延缓衰老、强筋健骨，对防治骨质疏松、佝偻病、妇女缺铁性贫血症等有较好的食疗功效。

制作提示

炖汤时，汤面上的浮沫应用勺子捞去，这样既可以去腥，还能使汤味更纯正。

做法演示

1. 将洗净的乌鸡斩成块。

2. 锅中注水，放入鸡块煮开。

3. 捞去浮沫，再将鸡块捞出，装入盘中备用。

4. 炒锅注油，烧热，倒入备好的生姜片，再倒入鸡块。

5. 淋入少许料酒炒匀。

6. 倒入适量清水。

7. 将洗好的中药配料加入锅中。

8. 用锅勺拌匀。

9. 加盖，用小火焖 1 小时。

10. 揭盖，加入盐、鸡精。

11. 拌匀调味。

12. 起锅，盛入汤盅即可。

红酒焖鸡翅

　　鸡翅的胶原蛋白含量丰富，对于保持皮肤光泽、增强皮肤弹性均有好处。此外，鸡翅的肉质较多，对体质虚弱者有较好的补益作用。鸡翅内还含大量的维生素 A，对视网膜细胞、上皮组织及骨骼的发育都很有帮助。

鸡翅	450 克	生姜片	20 克
红酒	50 毫升	生抽	少许
盐	3 克	料酒	少许
白糖	3 克	香油	适量
葱结	20 克	食用油	适量

小贴士

红酒有瘦身减肥的功效，但最好是在睡前饮用，还可以辅助睡眠。

制作提示

炸鸡翅时，油温不宜过高，四五成热的油温最为适宜。

做法演示

1. 鸡翅洗净，放入葱结和少许生姜片。

2. 加料酒、白糖、盐、生抽拌匀，腌渍 15 分钟。

3. 锅中注入食用油烧热，放入鸡翅。

4. 搅拌一会儿，小火炸 1 分钟至金黄色，捞出沥油备用。

5. 锅留底油，放入余下的生姜片爆香。

6. 放入鸡翅，倒入红酒，再注入少许清水，加少许盐调味。

7. 盖上盖，中火焖 1 ~ 2 分钟至熟透。

8. 揭开盖，转大火收汁，淋入香油炒匀。

9. 捡入盘中，摆好盘即成。

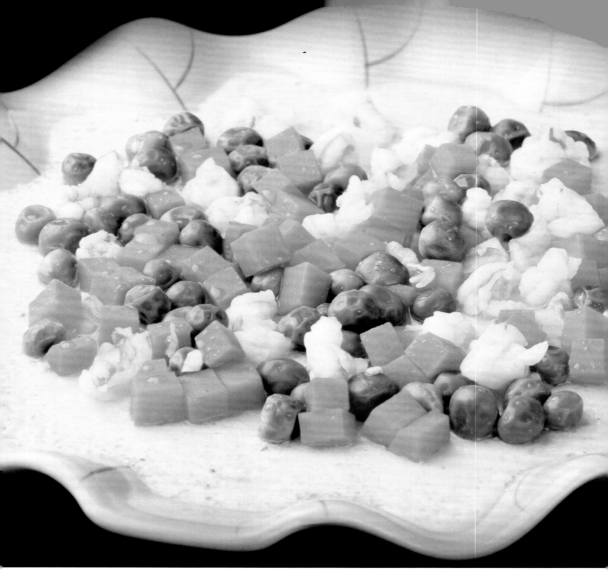

三鲜蒸水蛋

　　虾仁含有丰富的蛋白质、脂肪、维生素及钙、磷、镁等矿物质，对心脏活动具有重要的调节作用，能很好地保护心血管系统，减少血液中的胆固醇含量，有利于预防老年人高血压、心肌梗死等疾病。同时，虾的通乳作用较强，对孕妇有很大的补益功效。

原料

胡萝卜	35 克	盐	3 克
虾仁	30 克	味精	3 克
豌豆	30 克	胡椒粉	少许
鸡蛋	2 个	香油	适量
水淀粉	适量	食用油	适量
鸡精	3 克		

小贴士

胡萝卜含有的胡萝卜素、维生素 B_1、维生素 B_2、维生素 C、叶酸和膳食纤维，具有补益五脏、改善视力等功效。

制作提示

胡萝卜和豌豆不可煮太久，否则会影响成品的口感。

做法演示

1. 胡萝卜去皮洗净切丁。

2. 虾仁由背部切作两片，再切成丁。

3. 将虾丁加盐、味精、水淀粉拌匀，腌渍 5 分钟。

4. 锅中加入 800 毫升清水烧开。

5. 加盐，倒入胡萝卜丁、食用油、豌豆拌匀，煮约 1 分钟。

6. 加入虾肉，煮约 1 分钟。

7. 将锅中的材料捞出备用。

8. 鸡蛋打散，加盐、胡椒粉、鸡精、适量温水、香油调匀。

9. 取一碗，放入蒸锅，倒入调好的蛋液。

10. 小火蒸约 7 分钟。

11. 加入煮好的材料，加盖以小火蒸 5 分钟至熟。

12. 把蒸好的水蛋取出，稍放凉即可食用。

枸杞红枣乌鸡汤

　　乌鸡含丰富的黑色素、蛋白质、B 族维生素和微量元素，其中，烟酸、维生素 E、磷、铁、钾、钠的含量均高于普通鸡肉。红枣自古以来就是补血佳品，而乌鸡更能益气、滋阴，此汤特别适合女性朋友食用。

原料

乌鸡肉	500 克	鸡精	4 克
红枣	100 克	盐	3 克
枸杞子	25 克	料酒	适量
葱结	20 克	食用油	适量
生姜片	10 克		

小贴士

乌鸡适合体虚血亏、肝肾不足、脾胃不健的人食用。乌鸡虽是补益佳品，但多食能生痰助火、生热动风，故感冒发热或湿热内蕴者不宜食用。

制作提示

蒸制时水要一次性放够，用大火蒸透。不能久蒸上水，否则汤味淡薄。

做法演示

1. 处理干净的乌鸡肉斩块。

2. 锅中注水烧开，倒入乌鸡块。

3. 汆至断生捞出。

4. 炒锅注油，烧热。

5. 放入生姜片、葱结爆香，倒入鸡块。

6. 加入少许料酒。

7. 倒入适量清水。

8. 再放入鸡精、盐，大火煮沸。

9. 挑去葱结，捞去浮沫，放入红枣、枸杞子。

10. 将锅中的材料盛入汤盅。

11. 放入蒸锅，加盖，蒸 1 小时。

12. 汤蒸成后，取出即可。

蚝皇凤爪

　　鸡爪味甘，性平，营养丰富，含有丰富的谷氨酸、蛋白质、脂肪、钙、维生素、矿物质及胶原蛋白，经常食用不但能软化血管，而且具有美容的功效，可以抚平皱纹，使皮肤细嫩柔滑。

📋 **原料**

鸡爪	300 克	料酒	5 毫升		
水淀粉	10 毫升	鲍鱼汁	少许		
盐	4 克	食用油	适量		
白糖	2 克	红椒粒	15 克		
鸡精	2 克	蒜末	15 克		
味精	1 克	老抽	8 毫升		
葱花	10 克	蚝油	适量		

✏️ **小贴士**

　　鸡爪本身有一股土腥味，要想减轻或去掉此味，就得对鸡爪进行漂洗。但要注意的是，在漂洗过程中，要用小刀将鸡爪掌心的小块黄色茧疤去掉。

❗ **制作提示**

　　把鸡爪放入加有醋或啤酒的清水中，可去异味，又可使鸡爪质地更脆嫩。

✉️ **做法演示**

1. 鸡爪洗净，淋入老抽拌匀。

2. 锅中入油，烧至六成热。

3. 将鸡爪炸至金黄色，捞出。

4. 烧开半锅清水，加盐、鸡精、料酒、老抽。

5. 放入炸好的鸡爪，加盖，小火焖煮 15 分钟。

6. 捞出，将爪尖切去。

7. 油锅烧热，倒入红椒粒、蒜末爆香。

8. 加少许清水、蚝油、鲍鱼汁，拌匀煮沸。

9. 加少许老抽、白糖、盐、味精调味。

10. 放入鸡爪煮入味，加水淀粉勾芡，加熟油炒匀。

11. 用筷子将鸡爪夹出，摆入盘内。

12. 浇上芡汁、撒上葱花即可。

炸蛋丝滑鸡丝

　　鸡肉富含蛋白质、磷、铁、铜、锌等营养成分，并且含有较多的不饱和脂肪酸，能够降低对人体健康不利的低密度脂蛋白胆固醇的含量。鸡胸肉中含有较多的 B 族维生素，具有恢复体力、保护皮肤的作用。

原料

鸡胸肉	200 克	蒜末	10 克
韭黄	50 克	盐	3 克
青椒	30 克	味精	3 克
红椒	30 克	水淀粉	少许
胡萝卜	30 克	料酒	少许
鸡蛋	2 个	食用油	适量
生姜丝	10 克		

小贴士

韭黄含有丰富的蛋白质、维生素 A、维生素 B_2、维生素 C 及钙、磷、铁等营养成分，具有祛寒散瘀、促进食欲、增强体力的作用。

制作提示

炸蛋丝时掌握好火候，边搅动蛋液，边慢慢倒入已烧至三四成热的油锅中。

做法演示

1. 将洗净的韭黄切段。

2. 洗好的青椒、红椒切丝。

3. 去皮洗净的胡萝卜切丝。

4. 鸡胸肉洗净切丝，加盐、味精、水淀粉、油拌匀，腌 10 分钟。

5. 将鸡蛋打入碗中，用打蛋器打散。

6. 锅中加清水烧开，放入胡萝卜，煮沸后捞出。

7. 锅中加油烧热，倒入蛋液搅散，炸成蛋丝，捞出。

8. 倒入鸡肉丝，滑油片刻捞出。

9. 锅留底油，放入生姜丝、蒜末、青椒、红椒、胡萝卜炒匀。

10. 加鸡肉、盐、味精、料酒，翻炒入味。

11. 倒入韭黄翻炒，加水淀粉炒匀，盛入盘中。

12. 再将炸好的蛋丝倒入盘内即可。

△ 口味 **鲜**　☺ 人群 **男性**　✕ 技法 **炖**

虫草花鸡汤

　　鸡肉和猪肉、牛肉相比，其蛋白质含量较高，脂肪含量较低。此外，鸡肉蛋白质中富含人体必需的氨基酸，其含量与蛋乳中的氨基酸相似，因此为优质蛋白质的来源。鸡肉中含有的不饱和脂肪酸，能够降低人体的胆固醇含量。

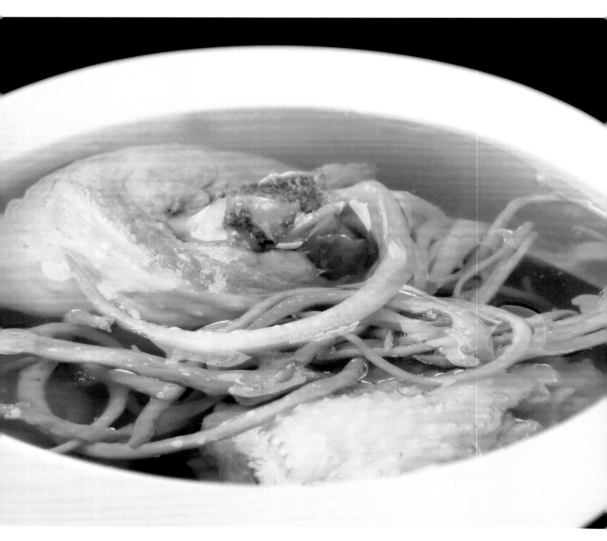

原料

鸡肉	300 克	鸡精	2 克
虫草花	30 克	味精	2 克
盐	2 克	料酒	少许
生姜片	10 克	高汤	适量

鸡肉　　　虫草花　　　盐　　　生姜

小贴士

虫草花对增强和调节人体免疫力、提高人体抗病能力有一定的作用，是一种滋补功效很好的食材。

制作提示

高汤调味时，可加入少许啤酒，既能使鸡肉的色泽更好，还会增加鸡肉的鲜味。

做法演示

1. 将洗净的鸡肉斩块。

2. 锅中注入清水烧开，放入鸡块后搅散。

3. 撇去浮沫捞出，过凉水后装入盘中。

4. 另起锅，倒入适量高汤，淋入少许料酒。

5. 再加入鸡精、盐、味精，搅匀调味并烧开。

6. 将鸡块放入炖盅内。

7. 放入生姜片、洗好的虫草花。

8. 将调好味的高汤倒入盅内，盖上盖。

9. 炖锅加适量清水，放入炖盅，通电。

10. 加盖炖 1 小时。

11. 揭盖，取出炖盅。

12. 稍放凉即可食用。

蛋丝银芽

　　绿豆芽含有丰富的纤维素，是便秘患者的食疗佳蔬。同时，绿豆芽还具有预防消化道癌症的功效，并且可以起到防止心血管病变的作用。此外，经常食用绿豆芽，还有清热解毒、利尿除湿的作用。

原料

绿豆芽	200 克
鸡蛋	3 个
红椒圈	5 克
盐	4 克
食用油	适量

小贴士

绿豆芽中含有维生素 B_2，适合口腔溃疡者食用。绿豆芽还有清除血管壁上的胆固醇和脂肪的堆积、防止心血管病变的作用。

制作提示

绿豆芽烹饪时间不宜过长。炒绿豆芽时加少许白醋，可使绿豆芽口感更脆嫩，不易发黑。

做法演示

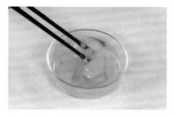

1. 鸡蛋打入碗内，用筷子搅散。

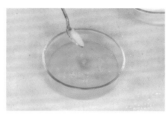

2. 加入适量盐，拌匀。

3. 锅中注入适量食用油，烧热。

4. 倒入适量蛋液，以小火煎成蛋皮。

5. 按照同样的方法，制成数张蛋皮。

6. 将蛋皮切成丝备用。

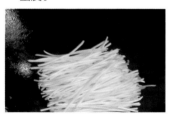

7. 锅中注油烧热，倒入绿豆芽。

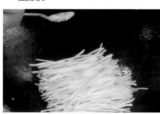

8. 加入适量盐。

9. 炒约 1 分钟至熟。

10. 将炒熟的豆芽盛入盘中。

11. 放上切好的蛋丝。

12. 再撒上红椒圈即成。

口味 **清淡**　　人群 **女性**　　技法 **蒸**

豆浆蟹柳蒸水蛋

　　女性容易发生贫血，豆浆对贫血患者的调养作用比牛奶效果还要好。豆浆中所含的硒、维生素 E、维生素 C 有很强的抗氧化功能，能使人体的细胞"返老还童"，特别是对脑细胞作用最大。

豆浆	300 毫升	鸡精	2 克
蟹柳	40 克	葱花	少许
鸡蛋	2 个	食用油	少许
盐	3 克		

豆浆　　　　蟹柳　　　　鸡蛋　　　　葱花

📝 小贴士

　　好豆浆应有浓浓的豆香味，浓度较高，略凉时表面有一层油皮，口感爽滑。

❗ 制作提示

　　打蛋时应顺一个方向不停地搅打，直至蛋液变得细滑，再下锅清蒸。

📹 做法演示

1. 蟹柳洗净，先切条，后切丁。

2. 鸡蛋打入碗中，加盐、鸡精调匀。

3. 加入豆浆搅拌均匀。

4. 将调好的蛋液倒入碗中，放入蒸锅内。

5. 盖上锅盖，小火蒸约 7 分钟。

6. 揭盖，放入蟹柳丁。

7. 盖上盖，再以小火蒸 3 分钟至熟后取出。

8. 锅中加油烧热，将热油浇在蛋羹上。

9. 撒上葱花即成。

湛江白切鸡

　　鸡肉中蛋白质的含量颇多，属于高蛋白、低脂肪食物。鸡肉具有温中益气、补精填髓、益五脏、补虚损的功效，可以提高人体的免疫力。但是蛋白质会加重肾脏负担，因此肾病患者应尽量少吃鸡肉，尤其是尿毒症患者，应该禁食。

原料

湛江鸡	1 只	白糖	3 克
生姜片	3 克	味精	3 克
葱段	5 克	香油	少许
盐	3 克	料酒	少许
鸡精	3 克	食用油	适量

小贴士

吃姜不宜过多，否则会吸收大量姜辣素，在经肾脏排泄过程中会刺激肾脏，并产生口干、咽痛、便秘等"上火"症状。

制作提示

熟鸡放入冷水中冷激，使之迅速冷却，可使皮爽肉滑。

做法演示

1. 把光鸡洗净，切下鸡爪，切去爪尖。

2. 蒸锅中倒入半锅清水烧开。

3. 加入 20 克生姜片、葱段、料酒。

4. 再加入适量鸡精、盐、味精煮沸。

5. 手提鸡头将鸡身浸入锅中汆烫，再控水，重复数次。

6. 用小火煮 20 分钟。

7. 将鸡煮熟透后取出。

8. 放入冰水中浸没冷激 2 ~ 3 分钟。

9. 将剩余生姜片洗净切末，加鸡精、白糖、味精、盐、香油拌匀。

10. 锅中加食用油烧至七成热，淋入姜末中制成蘸料。

11. 熟鸡冷激好后取出，均匀抹上香油，改刀斩块。

12. 装入盘中，与蘸料一同上桌即成。

口味 清淡　人群 高脂血症患者　技法 炖

白萝卜竹荪水鸭汤

　　鸭肉是进补的优良食品，营养价值很高，尤其适合冬季食用。其富含蛋白质、脂肪、碳水化合物、维生素 A 及磷、钾等矿物质，具有补肾、消水肿、止咳化痰的功效，对肺结核患者也有很好的食疗作用。

原料

水鸭肉	500 克	生姜片	10 克
白萝卜	300 克	味精	2 克
水发竹荪	30 克	鸡精	4 克
胡椒粉	少许	料酒	适量
盐	3 克	食用油	适量
葱结	10 克		

小贴士

鸭肉对体质虚弱、大便干燥、食欲不振、水肿、发热等症有很好的食疗作用，还可作为咽喉干燥、咳嗽痰少、头晕头痛者的食疗佳品。

制作提示

炖鸭肉时，加入少许蒜和陈皮一起煮，既可去腥味，又可为汤品增香。

做法演示

1. 将已去皮洗好的白萝卜切块，竹荪洗净择去蒂。

2. 鸭肉洗净斩块，放入沸水锅中氽煮至断生后捞出。

3. 油锅烧热，放入葱结、生姜片爆香。

4. 倒入鸭块炒匀。

5. 淋入料酒炒香。

6. 加入足量清水，加盖煮沸。

7. 揭盖，放白萝卜和竹荪煮沸。

8. 将白萝卜、鸭肉、竹荪及汤汁倒入砂煲中。

9. 加盖，以大火烧开，改小火炖至鸭肉酥软。

10. 揭盖，捞出浮油。

11. 加入盐、味精、鸡精、胡椒粉调味。

12. 稍凉即可食用。

苦瓜酿咸蛋

　　苦瓜富含蛋白质、脂肪、碳水化合物和维生素 C 等，有消暑清热、解毒、健胃、除邪热、聪耳明目、润泽肌肤、使人精力旺盛、延缓衰老的功效，还有降血糖、抗肿瘤、抗病毒、抗菌、增强免疫力等作用。

苦瓜	200 克	盐	3 克
咸蛋黄	150 克	味精	2 克
咖喱膏	20 克	白糖	4 克
水淀粉	适量	食用油	适量
小苏打	适量		

✏️ 小贴士

　　蛋黄中的脂肪以单不饱和脂肪酸为主，其中一半以上正是橄榄油当中的主要成分——油酸，对预防心脏病有益。

❗ 制作提示

　　焯煮苦瓜时，可在开水中放入适量小苏打，这样能使苦瓜保持翠绿而不泛黄。

📩 做法演示

1. 苦瓜洗净切棋子形，掏去苦瓜籽，装盘备用。

2. 咸蛋黄放入蒸锅，加盖蒸约10 分钟。

3. 取出蒸熟的咸蛋黄压碎，再剁成末备用。

4. 锅中加适量清水烧开，加小苏打、盐。

5. 倒入苦瓜，煮 2 分钟捞出。

6. 待苦瓜稍放凉后，塞入咸蛋黄末，摆在盘中。

7. 将塞好咸蛋黄末的苦瓜放入蒸锅，蒸约 5 分钟至熟。

8. 揭盖，取出蒸好的苦瓜。

9. 油锅烧热，倒入少许水。

10. 倒入咖喱膏、盐、味精、白糖拌匀。

11. 加入水淀粉勾芡，淋入熟油拌匀。

12. 将芡汁浇在苦瓜上即可。

三杯鸡

　　鸡肉富含蛋白质、脂肪、维生素、碳水化合物以及钙、铁、钾、硫等营养物质，具有温中益气、益五脏、健脾胃的功效。鸡皮中所含的胶原蛋白，还能起到延缓皮肤衰老、增加皮肤弹性的作用。

原料

鸡	500 克	生姜片	15 克
糯米酒	150 毫升	葱条	10 克
甘草	3 克	淀粉	20 克
盐	3 克	生抽	少许
鸡精	3 克	老抽	少许
白糖	2 克	料酒	适量
青椒	15 克	食用油	适量
红椒	15 克		

做法

1. 红椒、青椒洗净切开，去籽，切成片。
2. 鸡切去鸡头和鸡爪，加生姜片、葱条、料酒、生抽、老抽拌匀，腌渍 15 分钟。
3. 油锅烧至五成热，将鸡炸至金黄色，捞出。
4. 锅留底油，放生姜片、鸡爪、鸡头、白糖炒匀。
5. 加糯米酒、生抽、鸡、水、甘草，加盖煮沸。
6. 放入盐、鸡精调味，加盖，焖煮至鸡熟透。
7. 大火收汁，倒入青椒片、红椒片炒匀。
8. 将鸡取出，待凉斩成块，摆入盘中，原汤汁加淀粉浇在鸡块上，放上青椒片、红椒片即可。

PART 4

水产类

　　河、湖、海中出产的动植物都可以称为水产。水产类食物自古以来就深受人们的喜爱，其蛋白质含量丰富、胆固醇含量低，与禽肉、畜肉相比，对人体的营养补充更全面，也更加健康。

西芹炒鱼丝

　　西芹性凉，味甘，含有芳香油及多种维生素、多种游离氨基酸等物质，具有促进食欲、降低血压、健脑、清肠利便、解毒消肿、促进血液循环等功效，对头晕目眩、面红目赤、高血压、痈肿等症有很好的食疗作用。

原料

草鱼	300 克	食用油	适量
彩椒	70 克	盐	3 克
西芹	35 克	味精	2 克
水淀粉	适量	蒜末	15 克
料酒	少许	生姜丝	15 克

草鱼　　　彩椒　　　西芹　　　生姜

小贴士

草鱼含有丰富的硒元素，常食有抗衰老、养颜的功效，对肿瘤也有一定的防治作用。身体瘦弱、食欲不振的人可以常食草鱼，以达到开胃、滋补的目的。

制作提示

鱼丝滑油时，应注意油温不宜过高，以免影响鱼肉的鲜嫩口感。

做法演示

1. 将择洗干净的西芹切段，再切成细丝。

2. 彩椒洗净，去蒂去籽，再切成丝。

3. 草鱼去皮后，剔去腩骨，切薄片，再改切细丝。

4. 鱼丝加盐、水淀粉、食用油、味精拌匀，腌 10 分钟。

5. 油锅烧至四成热，放入鱼丝。

6. 滑油片刻，至断生后捞出。

7. 锅中留油，倒入蒜末、生姜丝爆香。

8. 加入彩椒、西芹炒香，加料酒。

9. 加入盐、味精调味。

10. 倒入草鱼丝。

11. 加水淀粉勾芡，翻炒至熟。

12. 出锅，盛入盘中即可。

麒麟生鱼片

　　生鱼肉质细嫩、少刺，营养丰富，具有补气血、健脾胃之功效。它含有蛋白质、脂肪，以及人体必需的钙、磷、铁及多种维生素，身体虚弱者、产妇、儿童及营养不良者可多食用。

原料

生鱼	1 条	鸡精	4 克
油菜	30 克	盐	4 克
水笋	15 克	水淀粉	适量
火腿片	30 克	白糖	3 克
生姜片	15 克	料酒	少许
水发香菇片	20 克	蛋清	少许
葱条	15 克	食用油	适量

做法演示

1. 水笋洗净，片成薄片，油菜洗净备用。

2. 将宰杀处理好的生鱼鱼头切下，剔去鱼骨，片取鱼肉。

3. 将鱼肉切成薄片，装入盘内。

4. 鱼头、鱼尾放盐、水淀粉，拌匀腌渍片刻。

5. 鱼片加盐、白糖、鸡精、蛋清、料酒拌匀，腌渍片刻。

6. 将鱼头和鱼尾放入蒸锅，蒸5～6分钟至熟。

7. 将水笋、香菇放入沸水锅中加盐、鸡精、料酒煮2分钟捞出。

8. 锅中倒入食用油，放入油菜拌匀浸透，炒熟捞出。

9. 将香菇、水笋、火腿、生鱼和生姜依次叠入盘中。

10. 转到蒸锅，放入葱条，加盖蒸5～6分钟至熟透。

11. 去葱条，将蒸熟的鱼头、鱼尾摆入盘内，摆上油菜。

12. 锅中注油，加水、盐、水淀粉勾芡汁，浇入盘中即成。

△ 口味 鲜　☺ 人群 孕产妇　⚔ 技法 焖

葱烧鲫鱼

　　鲫鱼富含优质蛋白，对促进智力发育、降低胆固醇和血液黏稠度、预防心脑血管疾病均有较好的食疗作用。鲫鱼肉嫩味鲜，具有健脾利湿、活血通络、温中下气之功效，非常适合中老年人、病后虚弱者和产妇食用。

原料

鲫鱼	450 克	葱段	25 克
生姜丝	15 克	老抽	3 毫升
红椒丝	10 克	料酒	3 毫升
淀粉	10 克	葱油	少许
盐	4 克	蚝油	少许
葱白	25 克	食用油	适量
水淀粉	适量		

小贴士

鲫鱼含有蛋白质、多种维生素及钙、磷、铁等营养成分，是脾胃虚弱、少食乏力、腹痛腹泻、小便不利者上好的食疗品。

制作提示

鲫鱼处理干净后，淋入少许黄酒腌渍，可以有效去除鱼的腥味。

做法演示

1. 鲫鱼剖净，用料酒、盐抹匀。

2. 撒上淀粉抹匀，腌渍 10 分钟。

3. 热锅注油，烧至五六成热，放入鲫鱼，炸约 1 分钟，

4. 继续炸约 2 分钟，至鱼身两面呈金黄色后捞出。

5. 锅留底油，放入生姜丝、葱白煸香。

6. 倒入适量清水，加盐、蚝油、老抽、料酒煮沸。

7. 放入炸好的鲫鱼。

8. 加盖，以大火焖煮 3 分钟。

9. 揭盖，再煮片刻至熟透，盛出装盘。

10. 原汤汁加红椒丝、水淀粉调成芡汁。

11. 撒入葱段，加入少许葱油拌匀。

12. 将芡汁浇在鱼身上即成。

椒盐带鱼

带鱼含有丰富的镁元素，具有暖胃、补气、养血以及强心补肾、清脑止泻、舒筋活血、消炎化痰、提精养神、消除疲劳之功效，对心血管系统有很好的保护作用，有利于预防高血压、心肌梗死等心血管疾病。

原料

带鱼	300 克	葱末	10 克
面粉	60 克	椒盐	10 克
辣椒面	10 克	葱花	10 克
盐	4 克	老抽	少许
味精	2 克	辣椒油	少许
蒜末	10 克	食用油	适量
姜末	10 克		

小贴士

将带鱼放入 80℃左右的水中烫 10 秒钟后，立即浸入冷水中，然后再用刷子刷或者用布擦洗一下，鱼鳞就可以很容易去掉。

制作提示

带鱼腥味较重，炒制时，加入少许白酒可去除腥味。

做法演示

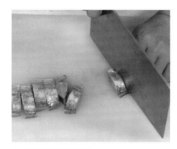

1. 带鱼洗净切块。

2. 装盘，加盐、味精、老抽拌匀，撒上面粉裹匀。

3. 热锅注油烧热。

4. 放入带鱼拌匀，小火炸约 2 分钟，至熟透后捞出。

5. 锅留底油，倒入姜末、蒜末、葱末、辣椒面爆香。

6. 再倒入炸熟的带鱼炒匀。

7. 撒入适量椒盐，翻炒均匀。

8. 淋入辣椒油，再将带鱼拌炒均匀。

9. 盛出装盘，撒上葱花即可。

香煎池鱼

　　池鱼的脂肪含量高于一般鱼类，且多为不饱和脂肪酸，这种脂肪酸的碳链较长，具有降低胆固醇的作用。池鱼中所含的碘，除具有维持甲状腺功能的作用外，还能促进机体新陈代谢。

原料

池鱼	200 克	葱段	15 克
胡椒粉	10 克	料酒	少许
盐	3 克	生抽	少许
味精	2 克	食用油	适量
生姜	15 克		

池鱼　　　　盐　　　　生姜　　　　葱

做法演示

1. 将宰杀洗好的池鱼两面打上一字花刀。

2. 洗净的生姜拍破。

3. 池鱼加盐、味精和胡椒粉抹匀，腌渍片刻。

4. 生姜和葱段加入料酒挤出汁，即成葱姜酒汁。

5. 将葱姜酒汁淋在池鱼两面，腌渍 10 分钟至入味。

6. 起锅，注油烧热，放入池鱼煎制。

7. 两面均煎至金黄色。

8. 淋入少许生抽，加少量水，煮片刻入味。

9. 将池鱼盛入盘内即成。

酱香带鱼

　　带鱼含有多种不饱和脂肪酸，有显著的降低胆固醇的作用。带鱼的营养丰富，很适合久病体虚、血虚头晕、气短乏力和营养不良之人食用。

带鱼	450 克	蒜末	10 克
水淀粉	适量	红椒末	10 克
南乳	10 克	盐	4 克
面粉	30 克	味精	2 克
姜汁酒	10 毫升	白糖	3 克
生抽	15 毫升	海鲜酱	少许
洋葱末	15 克	食用油	适量
葱花	15 克		

✒️ 小贴士

若想让带鱼更加酥脆，可先用小火温油炸透，捞出，开大火使油温升高，再炸一次即可。

❗ 制作提示

炸带鱼时，油温要保持在四五成热，而且还要不停地搅拌，以免将鱼肉炸糊了。

✉️ 做法演示

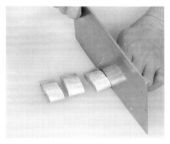

1. 处理干净的带鱼切成段。

2. 加姜汁酒、盐拌匀，再撒入面粉抓匀。

3. 锅中倒入食用油，烧至六成热，放入带鱼。

4. 搅拌均匀，炸至金黄色，捞出沥干油，备用。

5. 另起锅，注油烧热，放入洋葱末、蒜末、红椒末。

6. 加入海鲜酱、南乳炒香。

7. 注水烧开，加盐、味精、白糖、生抽调味，再倒入水淀粉调成酱汁。

8. 倒入炸好的带鱼，翻炒均匀。

9. 盛入盘中摆好，撒上葱花即可食用。

菠萝鱼片

　　菠萝营养丰富，维生素 C 含量是苹果的 5 倍。菠萝的鲜果肉中还含有丰富的果糖、葡萄糖、氨基酸、粗纤维、钙及胡萝卜素等营养物质。其所含的菠萝蛋白酶能帮助人体对蛋白质的消化，吃肉类及油腻食品后再吃菠萝最为有益。

原料

草鱼肉	400 克	青椒片	20 克
菠萝肉	100 克	红椒片	20 克
蛋黄	1 个	生姜片	15 克
葱白	10 克	蒜末	15 克
水淀粉	适量	老抽	少许
白糖	3 克	淀粉	少许
盐	4 克	生抽	10 毫升
味精	4 克	食用油	适量

做法演示

1. 将洗净的菠萝肉切片。

2. 洗好的草鱼去除脊骨、腩骨，余下切成片。

3. 鱼片加少许盐、味精、蛋黄拌匀。

4. 撒入适量淀粉裹匀，腌渍3 ~ 5 分钟。

5. 锅置大火上，注油烧热，放入鱼片。

6. 用中火炸约 2 分钟，至熟后捞出。

7. 起油锅，倒入蒜末、生姜片、葱白、青椒片、红椒片爆香。

8. 倒入菠萝片炒匀，淋入少许清水。

9. 加入白糖、盐、生抽调味，倒入少许老抽上色。

10. 加入少许水淀粉勾芡。

11. 倒入鱼片拌炒均匀。

12. 将做好的菜盛入盘内即可。

吉利生鱼卷

　　生鱼肉里含有大量的蛋白质、维生素和微量元素，可以补充人体所需的营养物质，还很容易使人有饱腹感，能控制食欲，起到减肥的作用。生鱼还被视为病后康复及体虚者的滋补佳品。

原料

面包糠	50 克	生菜	适量
金华火腿	40 克	淀粉	少许
水发香菇	30 克	食用油	适量
生鱼	1 条	蛋清	适量
盐	4 克	全蛋液	适量

面包糠　　　金华火腿　　水发香菇　　　生鱼

小贴士

　　生鱼含有非常全面的营养成分，是一种健康的高级食补佳品，具有强阳养阴、退风祛湿、养肝益肾、解毒去热、通经利湿等功效。

制作提示

　　用生鱼做菜需要注意选料，鱼不能太大，一般 400 克左右即可。

做法演示

1. 香菇洗净切成条，加盐、食用油拌匀。

2. 金华火腿切成条。

3. 将生鱼处理干净，切下鱼头、鱼尾，备用。

4. 剔去脊骨，切取鱼肉，再剔去腩骨，鱼肉切双飞片。

5. 鱼肉加盐、蛋清、淀粉拌匀。

6. 香菇条、火腿条加盐、淀粉拌匀。

7. 鱼片上放入火腿条、香菇条，卷起，撒上淀粉捏紧。

8. 将鱼卷生坯蘸上全蛋液，裹上面包糠。

9. 油锅烧至四成热，分别放入鱼头、鱼尾，炸熟后捞出。

10. 将炸好的鱼头、鱼尾装入铺好洗净切好的生菜的盘中。

11. 将鱼卷生坯放入油锅中，炸约 1 分钟至熟，捞出。

12. 摆入盘中即可。

口味 鲜　　人群 一般人群　　技法 蒸

蒜蓉粉丝蒸扇贝

　　粉丝中含有碳水化合物、膳食纤维、蛋白质和矿物质等，能增强免疫力、促进消化。扇贝味道鲜美，营养丰富，与海参、鲍鱼齐名，并列为海味中的三大珍品。扇贝所含丰富的维生素 E，能抑制皮肤衰老、防止色素沉着。

原料

扇贝	300 克	盐	3 克
粉丝	100 克	鸡精	3 克
蒜蓉	30 克	生抽	少许
葱花	10 克	食用油	适量

扇贝　　　粉丝　　　蒜蓉　　　葱花

小贴士

清洗扇贝时，一定要用刷子把扇贝的壳仔细刷干净，还要把壳边类似胡须的贝脚用手拔掉。扇贝宜放在淡盐水中保存。

制作提示

扇贝本身极具鲜味，所以在烹调时应少放鸡精和盐，以免破坏扇贝的天然鲜味。

做法演示

1. 粉丝水发后洗净，切段。

2. 扇贝洗净，对半切开。

3. 将切开的扇贝清洗干净，装盘备用。

4. 起油锅，倒入蒜蓉，炸至金黄色后，盛入碗中备用。

5. 扇贝上撒好粉丝。

6. 炸好的蒜蓉加入盐、鸡精，拌匀。

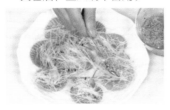

7. 将调好味的蒜蓉浇在扇贝、粉丝上。

8. 放入蒸锅。

9. 盖上锅盖，中火蒸约 5 分钟至扇贝、粉丝熟透。

10. 揭开锅盖，取出蒸好的粉丝扇贝。

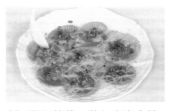

11. 撒入葱花，淋入少许生抽。

12. 再浇上热油即成。

酸甜虾丸

　　虾仁肉质松软，易消化，蛋白质含量相当高。虾仁还含有丰富的钾、碘、镁、磷等矿物质及维生素 A 等成分，具有补肾壮阳、增强免疫力等功效，尤其适宜身体虚弱以及病后需要调养的人食用。

原料

虾丸	400 克	白糖	3 克
番茄汁	50 毫升	水淀粉	少许
葱花	10 克	食用油	适量
蒜末	10 克	上海青叶	适量
盐	3 克		

虾丸

番茄汁

葱花

蒜末

小贴士

制作虾丸一定要选取新鲜的虾。制作过程力求快速利落，海鲜类产品腐败速度较快，第一时间制成是美味的关键。

制作提示

烹饪此菜肴时，用油不能太多，否则芡汁不易粘在虾丸上。

做法演示

1. 锅中注入清水烧开，倒入虾丸汆烫 2 分钟至熟。

2. 捞出虾丸，装盘。

3. 锅置大火上，注油烧热，加入蒜末爆香。

4. 倒入番茄汁炒匀。

5. 加入少许清水、白糖、盐，搅匀。

6. 倒入虾丸炒至入味。

7. 加入少许水淀粉勾芡。

8. 将勾芡后的虾丸炒匀。

9. 盘底铺上烫熟的上海青叶，将虾丸盛入盘内，撒上葱花即成。

生鱼骨汤

　　生鱼骨含有丰富的钙和微量元素，经常食用可以防止骨质疏松，对处于生长发育期的青少年和骨骼开始退化的中老年人都非常有益。用生鱼骨熬煮的鱼汤，鱼骨的营养成分都会成为水溶性物质，很容易被人体吸收。所以，多喝鱼骨汤对身体非常有益。

原料

生鱼骨	300 克	鸡精	2 克
生菜	50 克	味精	3 克
生姜片	15 克	胡椒粉	少许
芹菜	15 克	食用油	适量
盐	3 克		

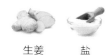

生鱼　　　生菜　　　生姜　　　盐

做法演示

1. 将洗净的生鱼骨斩块。

2. 洗好的芹菜切段。

3. 锅中注水烧开，将烧好的水倒入大碗中备用。

4. 热锅注油，放入生姜片煸香。

5. 倒入鱼骨，撒入少许盐。

6. 小火煎约 2 分钟至金黄色。

7. 倒入碗中煮好的开水，加盖煮约 10 分钟。

8. 揭盖，加入盐、鸡精、味精。

9. 再撒入胡椒粉拌匀。

10. 放入洗好的生菜略煮。

11. 再倒入芹菜，煮片刻至熟。

12. 盛入汤碗中即可。

天麻鱼头汤

　　天麻具有很高的营养价值，富含蛋白质、碳水化合物、糖类、铁等营养物质，具有增强记忆力、保护视力、延年益寿等功效，可用于治疗头晕目眩、小儿惊风、肢体麻木等症，是老少皆宜的保健药材。

原料

鱼头	250 克	盐	3 克
生姜片	20 克	鸡精	3 克
天麻	5 克	食用油	适量
枸杞	2 克		

鱼头　　　　天麻　　　　枸杞　　　　盐

小贴士

鱼鳃不仅是鱼的呼吸器官，也是一个相当重要的排毒器官，这也是人们吃鱼都要摘除鱼鳃的重要原因。鱼头中存在着大量的寄生虫，所以鱼头一定要烧熟再吃。

制作提示

煎鱼头时，用油量不宜太多，以免成品过于油腻，影响口感。

做法演示

1. 锅置大火上，注油烧热，放入部分生姜片爆香。

2. 放入洗净的鱼头，煎至焦黄。

3. 煎好后，盛入盘内备用。

4. 取干净的砂煲，倒入开水。

5. 放入天麻、生姜片和鱼头。

6. 加入少许盐。

7. 用大火煲开。

8. 再加入少许鸡精。

9. 盖上锅盖，转中火再炖约 8 分钟。

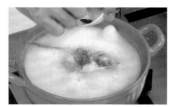

10. 揭开锅盖，放入枸杞。

11. 继续用中火炖煮片刻。

12. 关火，端下砂煲即成。

⛩ 口味 **鲜**　☺ 人群 **一般人群**　✖ 技法 **蒸**

虾仁蒸豆腐

　　虾肉营养丰富，其钙含量为各种动植物食物之冠，其肉质松软，易于消化吸收。虾皮有镇静作用，常用来辅助治疗神经衰弱、自主神经功能紊乱诸症。海虾是可以为大脑提供营养的美味食品，其含有三种重要的脂肪酸，能使人保持精力集中。

原料

豆腐	350 克	香油	少许
虾仁	150 克	盐	3 克
葱花	10 克	味精	2 克
鸡精	2 克	醋	适量
淀粉	适量	食用油	适量

豆腐　　　虾仁　　　葱花　　　盐

小贴士

豆腐和虾仁入蒸锅后，一定要用大火快蒸至熟，若火候太小，蒸熟的虾仁就会失去弹性和鲜嫩的口感。

制作提示

豆腐烹制前，应放入清水中浸泡洗净，以去除豆腐的酸味。

做法演示

1. 豆腐洗净切块。

2. 将豆腐整齐地码在盘中，撒上少许盐备用。

3. 虾仁洗净切丁，加盐、味精、鸡精和少许淀粉拌匀。

4. 淋入香油、食用油拌匀，腌渍 10 分钟。

5. 将腌好的虾仁肉放在豆腐上，再放入蒸锅。

6. 加盖，用大火蒸约 6 分钟。

7. 取出蒸好的虾仁，倒去原汁，撒上葱花。

8. 炒锅注油烧热，将烧热的油淋在虾仁上。

9. 倒上少许醋，摆好盘即可。

🔺口味 鲜　😊人群 老年人　✖技法 炒

鲜虾白果炒百合

　　百合鲜品富含黏液质，具有润燥清热作用，可用于辅助治疗肺燥或肺热痰咳等症。百合含有果胶及磷脂类物质，服用后可保护胃黏膜、治疗胃病。百合以淀粉为主要成分，因此糖尿病患者吃百合必须适量，过量则有害健康。

原料

虾仁	120 克	生姜片	10 克
鲜百合	100 克	蒜片	10 克
白果	100 克	白糖	4 克
红椒片	15 克	水淀粉	适量
盐	3 克	食用油	适量
口蘑	20 克	蛋清	少许
胡萝卜片	20 克	葱白	少许

🖐 做法演示

1. 将洗好的虾仁从背部切开。

2. 虾仁装入碗中，加盐、蛋清抓匀。

3. 加入水淀粉抓匀，倒入食用油，腌渍片刻。

4. 锅中注水烧开，倒入洗净的白果，加盐煮约 2 分钟。

5. 倒入胡萝卜片、红椒片和鲜百合，焯煮约 1 分钟至熟。

6. 捞出锅中的材料备用。

7. 将虾仁倒入锅中，氽煮片刻后捞出。

8. 炒锅注油烧热，倒入虾仁，滑油片刻，捞出。

9. 锅留底油，倒入口蘑、葱白、生姜片、蒜片炒匀。

10. 倒入胡萝卜、白果、百合、红椒和虾仁。

11. 加入盐、白糖炒匀，淋入水淀粉勾芡。

12. 快速拌炒均匀，盛入盘中即可。

虾仁炒莴笋

　　莴笋味道清新、略带苦味，可刺激消化酶分泌、增进食欲。其乳状浆液，可促进胃液、消化腺的分泌和胆汁的分泌，增强各消化器官的功能，对消化功能减弱、消化道中酸性降低和便秘的患者尤其有利。

莴笋	250 克	味精	2 克
虾仁	150 克	鸡精	2 克
生姜片	15 克	葱白	15 克
水淀粉	适量	料酒	少许
盐	3 克	食用油	适量
胡萝卜片	适量		

小贴士

虾仁洗净以后，用干净的纱布或厨房用纸包裹住，充分吸干水分，其口感会更好。

制作提示

虾仁入锅煸炒时，火候不要太大，时间不要太长，这样炒出的虾仁才会更嫩。

做法演示

1. 将去皮洗净的莴笋切片。

2. 把洗好的虾仁从背部切开，挑去虾线。

3. 加入盐、味精和水淀粉拌匀，再加入适量食用油拌匀，腌渍约 5 分钟。

4. 锅中注水烧开，加盐，倒入莴笋片，再加入少许食用油，煮沸后捞出。

5. 倒入虾仁，余 1 分钟至断生后捞出。

6. 热锅注油，倒入生姜片、葱白，再倒入虾仁、胡萝卜片炒香。

7. 加入少许料酒，倒入莴笋片翻炒片刻。

8. 加盐、味精、鸡精调味，再用水淀粉勾芡，淋入熟油拌匀。

9. 盛入盘中即可食用。

口味 鲜　😊 人群 一般人群　技法 蒸

蒜蓉粉丝蒸蛏子

蛏子含有丰富的蛋白质、钙、铁、维生素 A 等营养素，滋味鲜美，营养价值高，具有补虚的功能。此外，蛏子富含碘和硒，是甲状腺功能亢进患者、孕妇、老年人的良好保健食品。常食蛏子有益于脑的营养补充，有健脑益智的作用。

蛏子	300 克	味精	2 克
水发粉丝	100 克	盐	3 克
蒜蓉	30 克	生抽	少许
葱花	10 克	食用油	适量

粉丝　　　　蒜蓉　　　　葱花　　　　　盐

📝 小贴士

　　将蛏子洗净后，放养于含有少量盐分的清水中，待蛏子将腹中的泥沙吐净后即可烹饪。蛏子的保鲜期很短，不宜长时间保存，建议现买现食。

❗ 制作提示

　　没洗净的蛏子会影响成菜的口感，烹饪蛏子前一定要将其彻底洗净。

📛 做法演示

1. 将洗净的水发粉丝切成段。

2. 蛏子处理好后，摆入盘中。

3. 将粉丝摆放在蛏子上。

4. 油锅烧热，倒入部分蒜蓉炒至金黄，再倒剩余蒜蓉拌匀。

5. 加盐、味精、生抽，炒匀调味。

6. 将炒好的蒜蓉盛在摆好的粉丝和蛏子上。

7. 将摆放蛏子的盘子放入蒸锅。

8. 加盖，大火蒸约 3 分钟至熟。

9. 揭开锅盖，取出蒸好的蛏子。

10. 撒上葱花。

11. 浇上烧热的食用油。

12. 稍凉即可食用。

南瓜炒蟹柳

　　南瓜含有维生素和果胶。果胶有很好的吸附性，能黏结和消除体内细菌毒素和其他有害物质，起到解毒作用；南瓜所含果胶还可以保护胃肠道黏膜，使其免受粗糙食品刺激，促进溃疡愈合。

原料

南瓜片	100 克	葱段	15 克
蟹柳	80 克	蒜片	15 克
莴笋片	30 克	味精	适量
口蘑片	15 克	料酒	适量
盐	2 克	水淀粉	少许
生姜丝	10 克	食用油	适量

小贴士

购买南瓜时一定要仔细检查，如果发现南瓜表皮有溃烂之处，或切开后散发出酒精味等，则不要购买。

制作提示

南瓜连皮一起烹饪，营养更全面。用新鲜螺肉代替速冻蟹柳，味道也很鲜美。

做法演示

1. 将蟹柳洗净切段。

2. 锅中放油，烧至四成热，倒入南瓜片、口蘑片和莴笋片。

3. 滑油片刻后，捞出控油。

4. 锅底留少许油，放入生姜丝、蒜片煸香。

5. 倒入南瓜片、莴笋片和口蘑片炒匀。

6. 将蟹柳倒入锅中，翻炒均匀。

7. 加入少许料酒。

8. 加少许清水略煮片刻。

9. 调入盐、味精。

10. 用少许水淀粉勾芡。

11. 撒入葱段炒匀。

12. 出锅装盘即可。

芹菜炒墨鱼

　　墨鱼不仅口味鲜脆爽口，而且具有很高的营养价值，它含有丰富的蛋白质、碳水化合物、维生素及钙、磷、铁等营养成分，是一种高蛋白、低脂肪的滋补佳品，也是女性塑造体形和保养肌肤的理想食品。

原料

芹菜	100 克	盐	3 克
净墨鱼肉	150 克	味精	2 克
蒜苗梗	30 克	鸡精	2 克
蒜苗叶	30 克	水淀粉	适量
青椒片	20 克	料酒	5 毫升
红椒片	20 克	辣椒酱	少许
生姜片	15 克	食用油	适量

小贴士

购买时要选择新鲜的墨鱼，腐烂的墨鱼含有大量的致癌物质，不可食用。

制作提示

新鲜墨鱼烹制前，要将其内脏清除干净，因为内脏中含有大量的胆固醇，多食无益。

做法演示

1. 将洗净的芹菜切段。

2. 将墨鱼肉洗净切成丝，加少许料酒、盐拌匀。

3. 腌渍 10 分钟至入味。

4. 锅入油烧热，加生姜片、青椒片、红椒片和蒜苗梗爆香。

5. 倒入墨鱼炒匀，加入料酒翻炒片刻。

6. 倒入芹菜，拌炒 2 分钟至熟。

7. 放入洗好的蒜苗叶。

8. 加入盐、味精、鸡精、辣椒酱调味。

9. 加入少许水淀粉勾芡，淋入熟油拌匀即可。

火龙果海鲜盏

　　火龙果是一种低能量、高纤维的水果,其水溶性膳食纤维含量非常丰富,具有减肥、降低血糖、预防大肠癌等功效。火龙果还含有维生素 C 以及花青素,具有美白皮肤、抗氧化、抗自由基、抗衰老的作用。

火龙果肉	180 克	生姜末	15 克
西芹	120 克	胡萝卜丁	20 克
虾仁	100 克	白糖	4 克
净鱿鱼	50 克	水淀粉	少许
松仁	10 克	食用油	适量
盐	3 克	葱姜酒汁	适量

✏️ 小贴士

火龙果应放在阴凉通风处保存，不要放在冰箱中。火龙果在选购时要注意是否新鲜，果实较软的火龙果已经不新鲜了。

⚠️ 制作提示

火龙果入锅的时间不宜太久，应快炒出锅。

📋 做法演示

1. 火龙果肉切丁。

2. 虾仁洗净切丁。

3. 净鱿鱼洗净切丁。

4. 西芹洗净切丁。

5. 鱿鱼、虾仁加葱姜酒汁、盐、白糖拌匀。

6. 锅中注油烧热，放入松仁，炸熟后捞出，倒入虾仁和鱿鱼丁，滑油至断生后捞出。

7. 锅留底油，放胡萝卜、虾仁、芹菜、生姜末、鱿鱼炒熟，加盐、白糖、水淀粉、火龙果拌炒。

8. 将锅中材料分别盛入 4 个火龙果器皿内。

9. 撒入炸熟的松仁即成。

🍙 口味 鲜　　😊 人群 一般人群　　✖ 技法 炒

孜然鱿鱼

鱿鱼中含有丰富的钙、磷、铁等营养素，对骨骼发育和造血十分有益，可预防贫血。鱿鱼还富含蛋白质、硒、碘、锰、铜等营养成分，其中硒有利于改善糖尿病患者的各种症状，并可以减少糖尿病患者产生各种并发症的危险。

🍳 原料

鱿鱼	200 克	孜然粉	8 克
洋葱	100 克	淀粉	适量
盐	3 克	辣椒粉	适量
味精	2 克	食用油	适量

鱿鱼　　　　洋葱　　　　盐

📧 做法

1. 将洗好的洋葱切成丝，处理好的鱿鱼切丝。
2. 锅中注水烧开，倒入鱿鱼，煮沸后捞出沥干备用，将淀粉撒在鱿鱼上，抓匀。
3. 锅中注油烧热，倒入洋葱，小火炸片刻后捞出，放入鱿鱼，滑油片刻后捞出。
4. 锅留底油，倒入洋葱。
5. 放入鱿鱼，倒入孜然粉、辣椒粉，加入盐、味精调味。
6. 炒匀，盛入盘内即可。